MANUEL

DES

FROMAGERIES

OU

INTRODUCTION A L'INDUSTRIE DU LAIT

———◦◦❁◦◦———

ÉCRIT POPULAIRE

PAR

R. SCHATZMANN

directeur de la station de Lausanne pour l'épreuve du lait

Membre honoraire de la Société agricole du royaume de Bavière; de la Société agricole du Vorarlberg (Autriche); de la Société Darkoff (Russie); membre actif de la Société russe d'acclimation pour les animaux et les plantes; de la Société agricole de Rjæsan (Russie); membre correspondant de la Société agricole du Tyrol, &c.

Avec 6 figures et une grande planche

Traduit de l'allemand

par

L.-J. Jomini & Th. Eckerfeld, instituteurs au collége de Payerne

AARAU

chez J.-J. CHRISTEN, Libraire-Editeur.

1875.

INTRODUCTION.

Plus une industrie est en voie de progrès, plus il devient nécessaire, pour celui qui veut l'exercer, d'acquérir un certain degré d'habileté et de connaissances concernant son état. Pour ce qui a trait à l'industrie fromagère, il ne suffit plus, de nos jours, qu'un apprenti fruitier apprenne machinalement le métier de son maître, mais il faut au contraire que — maître et apprenti — sachent pourquoi l'on préfère tel procédé à tel autre; il faut qu'ils connaissent la composition et la qualité du lait, afin de pouvoir s'expliquer les changements qu'il subit; ils doivent donc absolument posséder quelques notions des lois les plus élémentaires de la nature, et continuellement réfléchir, calculer et observer.

Plus une industrie offre des chances de perfectionnements et de gain, plus l'industriel qui l'exerce sera disposé à acquérir les connaissances qui peuvent lui faciliter sa tâche, et nous pouvons assurer que les fruitiers qui ont une parfaite connaissance de leur état sont recherchés et reçoivent l'offre de gages considérables. Il est vrai de dire que l'on exige d'eux non seulement la science de la fabrication du fromage, mais aussi on leur demande de pouvoir manier la plume, de connaître la Tenue des Livres, la Correspondance, etc., etc.

Comme les écoles primaires ne peuvent donner une instruction spéciale pour chaque profession, il est nécessaire de songer à un autre moyen de fournir aux jeunes fruitiers actifs l'occasion d'acquérir, à côté de l'instruction pratique, certaines connaissances théoriques ; pour atteindre ce but, la société d'économie alpestre a créé des cours d'industrie laitière pour les fruitiers et les agriculteurs ; car ces derniers désirent aussi se rendre compte de ce qui se passe dans les fromageries, soit qu'ils soient membres d'une société fromagère, soit qu'ils s'en occupent dans un but d'intérêt général.

Ce sont ces raisons qui m'ont amené à publier le Manuel des fromageries. Cet ouvrage pourra servir de guide dans les cours qui seront donnés aux fruitiers etc., aux agriculteurs, et être encore consulté avec fruit dans la vie pratique.

Les principes suivants m'ont dirigé dans la publication de cet ouvrage :

1° Ne donner que les instructions les plus utiles et les plus nécessaires, et cela dans des termes qui sont à la portée de chacun ;

2° Les discussions exclusivement scientifiques sont écartées, mais les résultats positifs de la science ont été soigneusement étudiés et consignés dans ce Manuel ;

3° Pour rendre service aux fruitiers, j'ai ajouté quelques plans de fromageries, quelques dessins ; j'ai indiqué en outre les sources ou le lieu où l'on peut se procurer les outils, les ustensiles, le matériel, en un mot, des fromageries ; la station laitière à Lausanne donnera tous les renseignements qui ne sont pas consignés dans ce livre.

4° Il ne faut pas considérer cet ouvrage comme un Manuel pour la pratique de la fabrication des produits du lait, car celle-ci est un art qui ne s'acquiert que par l'exercice, l'observation et l'expérience. Mon intention est surtout d'engager les fruitiers à méditer sur leur métier et de les encourager à exercer leur vocation avec goût et plaisir.

Le Manuel des fromageries sert de base aux cours qui sont donnés, dans notre pays, sur l'indusrie laitière. Le texte en est expliqué au moyen d'expériences et les instruments les plus nécessaires au perfectionnement du travail sont démontrés.

La troisième Edition de ce manuel a été augmentée de quelques notices sur la fabrication du fromage de Gruyère et du Vacherin et j'ai modifié ce qui me semblait nécessaire, pour atteindre le but que je me suis proposé.

Puisse ce petit Manuel contribuer, pour sa part, au perfectionnement de l'art du fruitier, dont les produits constituent l'une des Industries les plus importantes de notre patrie.

SCHATZMANN.

TABLE DES MATIÈRES.

MANUEL DES FROMAGERIES

OU

manière d'exercer l'art de fruitier

———⋗⋖———

Depuis quelques siècles les montagnards suisses ont formé, pendant *l'été*, de petites associations dans le but de faire traire leur bétail en commun et de fabriquer leur fromage, par un fruitier. Plus tard, par des raisons économiques, il s'est formé de pareilles associations, pour *l'hiver*, dans les vallées. Le produit de ces petites fromageries était presque exclusivement destiné à l'usage de la famille. Dès 1820, environ, il se forma des sociétés pour la *vente du lait à un fabricant* (fruitier) ou bien pour *l'exploitation de l'industrie fromagère en gros à leurs propres risques et périls*. Nous appellerons les premières *fromageries tenues par un fruitier* qui achète le lait des paysans; — les secondes *Associations fromagères*.

Les fruitiers, qui travaillent pour leur compte, cherchent à vendre le plus vite possible les *différents* produits du lait, tandis que les associations fromagères fabriquent principalement *un seul produit, le fromage gras* ou mi-gras, qui est fabriqué dans les règles de l'art et destiné à l'exportation.

Les fromageries dans lesquelles l'agriculteur, qui y coule son lait, se paie en nature tendent à disparaître complètement.

1

Les *avantages* des associations fromagères sont les suivants:

1° *Économie de temps, de travail et de bois.*

Si 50 agriculteurs fabriquent isolément chacun un petit fromage, il se perd, en un seul hiver, un capital considérable.

2° *La valeur des produits fabriqués est de qualité supérieure.*

Comparons les 50 petits fromages, fabriqués comme il est dit plus haut, à un seul grand fromage; le beurre du lait de 2 vaches, à celui de 100 vaches fabriqué en commun; les petits fromages faits par 50 mains différentes à celui qui est fabriqué par une seule main habile; nous trouverons que le travail en commun ou en société, fournit un produit infiniment supérieur à celui fabriqué par des forces divisées.

3° *On économise mieux le lait.*

Cette économie a sans doute sa limite naturelle. Une nourriture *saine, substantielle*, est nécessaire à la famille, à laquelle nous accordons volontiers tout le lait nécessaire à son entretien: mais en dehors de celui-ci, il y avait beaucoup de lait prodigué ou mal employé, surtout lorsque l'agriculteur n'en avait, à sa disposition, qu'une petite quantité qu'il ne valait pas la peine de travailler. Dans une fromagerie, on tire parti de *chaque goutte* de lait.

4° *Les vaches laitières sont mieux soignées et mieux nourries.*

L'on a fait partout l'expérience qu'en portant le lait à la fromagerie, il se produit, chez les agriculteurs, une certaine émulation, un désir de couler le plus de lait possible. Or, pour atteindre ce résultat d'une manière honnête, il faut donner au bétail de plus grands soins et une meilleure nourriture. Nous avons les preuves en mains que l'établissement des fromageries dans les villages, a puissamment contribué à l'amélioration du bétail.

5° *Les terres sont mieux cultivées.*

Une meilleure nourriture du bétail produit plus de fumier et un fumier d'une plus grande valeur.

6° *Les fromageries vendent, aux consommateurs, le lait, tel qu'il vient de l'étable.*

C'est un grand avantage, pour la population, qui ne s'occupe pas de d'agriculture.

7° *L'agriculteur reçoit à la fois, de ses produits, une plus grande somme en argent comptant.*

Il est naturel que les fromages, étant grands et mieux fabriqués, se vendent plus cher. Mais un résultat important de la fabrication en grand, c'est que le fournisseur du lait reçoit son argent à des *termes fixes* et en *sommes relativement considérables.* *

L'argent qui, dans les petites laiteries de maison, rentre pour ainsi dire journellement et en petites commes, se perd ou se dépense plus facilement sans laisser de traces.

8° *Le bien-être général augmente.*

Il est facile de prouver jusqu'à l'évidence que dans la plupart des contrées de la Suisse, la formation des *Sociétés de fromageries* a puissamment contribué à augmenter la prospérité de l'agriculteur.

Après cette courte introduction, nous passons à *l'exploitation des fromageries*. Nous la traiterons dans les chapitres suivants :

    I. *Les bâtiments et les ustensiles.*
    II. *Le lait.*
  III. *Le fromage.*
   IV. *Le beurre.*
    V. *Le séré.*
   VI. *Le sucre du lait.*
  VII. *La conservation du lait.*
 VIII. *La tenue des livres.*
   IX. *Règlement modèle pour les fromageries.*

---

* Un district du Canton de Berne (Konolfingen) retire, par an, du lait porté aux fromageries la somme de 2 Millions de francs et demi, tous frais déduits. Une seule commune de 2000 âmes, a tiré, à elle seule, 250,000 Fr. Dans une fromagerie de la Haute-Argovie, on a reparti, pour les six mois de l'été 1873 la somme de 55,513 Fr.; au plus grand porteur, (6232 Fr. etc.)

I

DES BATIMENTS & DES USTENSILES

A. Des Bâtiments *

Nous posons, pour ce qui concerne les bâtiments, trois règles fondamentales:

1° *Faites-les spacieux.*

Lorsqu'une commune ou une société particulière veut bâtir une fromagerie, elle commet souvent, par une économie mal entendue, la *grande faute* de lésiner dans les dépenses en faisant les différents locaux trop petits et trop étroits. Or, qu'arrive-t-il? Si la fromagerie est bien dirigée, dès les premières années, le sociétaires augmentent; les locaux deviennent dès lors trop petits; ce qui est très préjudiciable à l'exploitation et la rend souvent même impossible. Il est alors doublement difficile et coûteux d'y remédier.

2° *Les locaux qui ont besoin de lumière seront construits, dès le commencement, de manière à être aussi éclairés que possible.*

L'on rencontre encore, par-ci par-là, des cuisines de fromageries qui ressemblent plutôt à des caves qu'à des locaux destinés à un travail journalier. Abstraction faite de ce qu'un espace sombre fait toujours une mauvaise impression, le travail y est rendu plus pénible et il y a augmentation de frais, surtout si le fruitier doit avoir, le jour entier, la chandelle allumée!

3° *Tous les locaux doivent pouvoir se nettoyer vite et facilement.*

La *propreté* est la condition essentielle de la bonne réussite d'une exploitation fromagère. Tout ce qui se rattache à

---

* Ils sont construits soit par une société d'actionnaires, soit par une société des fournisseurs de lait, soit par les communes. (Système d'amortissement pour le payement.)

celle-ci doit porter l'empreinte d'une exquise propreté. Le local, les ustensiles qu'il renferme, la tenue même du fruitier doivent être *irréprochables* sous ce rapport.

Une construction bien entendue, des *planchers* faits en briques, en dalles bien jointes, en asphalte ou en ciment facilitent énormément le fruitier dans la tâche qui lui est imposée, de maintenir la fromagerie dans un état de *propreté parfaite ;* car la *propreté* est non seulement agréable à voir, mais, comme nous le verrons plus tard, elle est nécessaire à la *réussite* de la fabrication de tous les produits du lait,

---

Pour mieux comprendre ce qui suit, nous donnons une série de plans, tant pour la distribution des bâtiments que pour les moyens de chauffage. Nous voulons ainsi fournir des données utiles aux sociétés ou aux communes qui seront appelées à construire un bâtiment destiné à la fabrication des divers produits d'une fromagerie bien ordonnée.

Les fromageries seront construites en *pierres massives,* en *murs de parpaings* ou en *galandages,* couvertes de bardeaux ou de tuiles. Elles seront en général disposées de la manière suivante:

Une *cuisine* pour couler le lait, fabriquer le fromage, au rez-de-chaussée;

Une *laiterie*, pour la conservation du lait, également au rez-de-chaussée ou quelques pieds sous terre:

Des *locaux pour conserver le fromage* * également au plainpied ou à la cave.

Dans plusieurs exploitations l'on trouve encore:

Un *bûcher,*

Des *assots* ou *étables à porcs,*

Un *logement pour le fruitier.*

---

* Pour la conservation du fromage d'Emmenthal, on se sert d'un grenier au rez-de-chaussée, et de deux ou trois caves d'une température différente.

Pour faciliter la compréhension des figures, nous présenterons les observations suivantes:

I. Fromagerie de G***

La fig. I en donne le plan.

A. *Vestibule* où l'on reçoit et mesure le lait. Il est très commode parce que les personnes qui apportent le lait n'ont pas besoin d'entrer dans l'intérieur des autres pièces, ce qui contribue au maintien de la propreté. *a*) Entrée principale. *b*) Porte de communication avec la cuisine où se fabrique le fromage. *c*) Une dite avec la laiterie. *d*) Escalier qui communique aux combles où se trouve l'appartement du fruitier. *e*) Table pour mesurer ou peser le lait.

B. *Cuisine où se fabrique le fromage* ou *fromagerie.* *a*) Canal souterrain qui arrive du dehors, passe sous le foyer et lui amène un courant d'air frais. Souvent ce canal ne commence qu'à quelques pieds du foyer, se dirigeant d'abord perpendiculairement puis ensuite horizontalement vers le milieu du feu; il est couvert d'une grille où *d'une feuille de tôle* trouée. *b*) Chaudière. *c*) Manteau de fer entourant la chaudière. *d*) Petit potager destiné à chauffer de l'eau ou à cuire le repas du fruitier. *e*) Presse pour le fromage. *f*) Une table. *g*) Une armoire.

C. *Cave pour le fromage.* *a*) Escaliers pour y descendre. *b*) Etagères pour les fromages. *c*) Table à saler.

D *Laiterie.* *a*) Escaliers pour y descendre. *b*) Table à claire-voie, pour poser les baquets.

Fig II. Façade.

Fig. III. Profil de la cuisine.

Fig. IV. Profil de la cave.

II. Fromagerie à D***

Fig. V. Plan (le bâtiment sur sol plat est situé au bord d'un ravin).

A. *Cuisine où se fabrique le fromage. a*) Entrée principale. *b*) Banc. *c*) Escaliers conduisant aux caves. *d*) Escalier de 'appartement du fruitier, au 1er étage. e) Foyer et chaudière (la ligne pointée marque la place occupée par la cheminée). f) Petit potager pour faire bouillir de l'eau ou pour cuire les aliments du fruitier. g) Entrée de la laiterie. h) Presse pour le fromage. i) Sortie. k) Banc sur lequel se mesure ou se pèse le lait. l) Banc sur lequel peuvent s'asseoir les porteurs de lait.

B, *Laiterie*. a) Lattes pour poser les baquets. b) Croisées avec des jalousies.

C. *Magasin* ou *grenier à fromage*. (3) a) Bancs pour poser les fromages. b) Porte d'entrée. c) Fenêtres. d) Table pour saler le fromage.

D. Lattes pour poser et sécher les baquets.

La fromagerie à D*** représente assez fidèlement l'établissement de celles de l'Emmenthal qui ont ordinairement les trois locaux A. B. C. au rez-de-chaussée; sous le bâtiment se trouvent les caves (ici 2) destinées à recevoir le fromage Ce que nous trouvons à blâmer dans l'aménagement de la cuisine, c'est que le foyer de la chaudière se trouve placé du côté de la chambre à lait, ce qui augmente la chaleur de cette dernière, surtout en été. Un canal souterrain, qui se compose de deux tuyaux de drains de trois pouces de diamètre, amène, au foyer, l'air frais du dehors.

Attenant au magasin à fromage ou grenier, se trouve un bûcher sous lequel sont les étables à porcs.

III. Fromagerie plus restreinte

Il arrive souvent que l'on ne peut pas disposer du terrain nécessaire à la construction d'une fromagerie de l'importance de celles décrites aux nos I et II, et qu'il faut viser à l'économie de place. Dans ce cas, l'on supprime le magasin à fromage (fig. v.) c) et l'on ne fait qu'une cave sous la cuisine.

Quand on a encore de la place pour un corridor, entre la cuisine et la laiterie (fig VI, il est bon de séparer les deux pièces principales, par un corridor, où l'on pèse et mesure le lait, immédiatement devant la porte de la laiterie. S'il n'y a absolument pas de place pour ce corridor, il est alors supprimé et l'on reçoit, dans la cuisine, le lait, de la main des agriculteurs. De la cuisine, un escalier pourvu d'une trappe, conduit dans la cave.

Quant à l'*exposition* des différents locaux, nous conseillons d'établir la cuisine où se fabrique le fromage, au *sud*, la laiterie au nord. Les *planchers* de pierre, d'asphalte ou de ciment doivent être inclinés, avec une coulisse correspondant avec un égoût, pour l'écoulement de l'eau lorsqu'on lave le local. L'on applique volontiers, sur les plafonds, une couche de gypse et les planches rabottées, on les peint fréquemment avec un lait de chaux. Les caves, pour le fromage, seront de préférence voûtées,* tandis que cela n'est pas nécessaire pour la laiterie, si celle-ci est creusée dans la terre. Une ventilation facile de ces deux locaux est de toute nécessité, pour purifier l'air et régler la température; il faut que la ventilation soit aménagée de telle sorte que l'on puisse à volonté ou donner de l'air, ou en interdire l'accès, ce qui a lieu lorsque le *fœhn* ou la *bise* soufflent. Enfin, de grands avant-toits sont précieux pour conserver sec le bois à brûler et pour établir, à l'abri de la pluie, des étagères pour sécher les ustensiles que l'on a lavés. La *grandeur* des différents locaux d'une fromagerie est indiquée, dans les figures, telle qu'elle est en général usitée.

Bâtiments accessoires

Il nous reste à décrire les bâtiments accessoires d'une fromagerie. Ces bâtiments sont joints à celle-ci ou sont construits à part.

a) Les *étables à porcs* seront établies, de préférence, dans un petit bâtiment séparé de la fromagerie; elles sont indispensables lorsque l'agriculteur, qui coule le lait ne réclame pas le petit-lait. Il y a, en outre, dans une fromagerie, une quantité de débris que l'on peut utiliser pour l'engrais des

---

* Voûtes plates avec des rails de chemin de fer, des dalles ou briques.

porcs, et c'est une source de bénéfices qui ne doit pas être dédaignée par le fruitier, soit qu'il exploite pour son compte, ou pour le compte d'une association. Les étables seront établies d'une façon confortable dans ce petit bâtiment, et il sera laissé, pour chaque animal ou chaque paire d'animaux, un espace suffisant, avec des séparations hautes des 5 pieds. Chaque loge doit avoir son auge et son plancher à double fond, pour maintenir les animaux à l'abri d'une trop grande humidité.

b) Le *bûcher*. Comme l'on consomme une quantité considérable de bois dans les fromageries où l'on fabrique toute l'année, il faut nécessairement avoir de vastes emplacements pour le conserver et le faire sécher. Le bûcher former a donc, à proximité de la fromagerie, un petit bâtiment assez spacieux, pour y faire ses provisions de bois et le fendre en temps voulu.

c) *L'appartement du fruitier* se trouvera de préférence à l'étage supérieur du batiment de la fromagerie et contiendra une ou plusieurs chambres.

Quant *aux frais de construction* des fruiteries, ils dépendent naturellement: 1° de l'étendue ou de l'importance de l'industrie; 2° du nombre des locaux nécessaires; 3° de la qualité des matériaux employés. Il va sans dire qu'une construction en galandage est moins coûteuse qu'une construction en pierres massives etc. Les planchers coûteront moins cher, construits en briques qu'en dalles massives jointes avec du ciment ou en asphalte. Aussi, les frais de construction de ces bâtiments peuvent-ils varier de 3,500 à 30,000 francs.

B. Des Ustensiles

1. Cuisine pour la fabrication du fromage, ou Fromagerie

A. *La place où se trouve la chaudière* était autrefois ouverte sur le devant, c'est-à-dire que la chaudière était entourée d'un mur en forme de demi-cercle, n'enveloppant que la moitié de la chaudière. De cette manière, une grande partie de le chaleur se perd, la cuisine est toujours pleine de fumée et il y a une dépense de bois inutile. De nos jours la plupart des fruiteries ont un chauffage rationnel, dirigé d'après deux systèmes :

I *Foyer fixe avec chaudière mobile.* La figure VII montre la construction tout entière, vue de profil. La chaudière est suspendue à une grue en bois, qui porte le nom de *tour*; on peut la faire tourner, monter et descendre au moyen d'une forte vis en fer fixée à l'extrémité du bras du tour. Le foyer lui-même, de forme demi-cylindrique, est en maçonnerie; il peut être fermé en avant par un manteau de forte tôle, comme le représentent les figures VIII & IX. Ce manteau tourne sur lui-même, suspendu sur deux gonds (fig. VIII & IX); il peut se fixer, une fois la chaudière en place, au moyen d'un crochet. Sur le devant du manteau se trouve une portette semblable à celle des poêles ordinaires. Elle sert à l'introduction du bois et à l'entretien du feu. Plus **rarement**, quand le manteau est très lourd, il est porté par un cadre en fer, (*h, i, g,* fig. VII) avec lequel il tourne sur un pivot, exactement comme une porte de jardin en fer, sur son axe. La sole du foyer, en maçonnerie, a la forme ronde de la chaudière : elle entoure le fond de la chaudière dont elle suit le contour (fig. x). Dans la première moitié de la base du foyer, se trouve une grille profonde (*k,* fig. IX & X) qui sert à recevoir le bois. Sous cette grille et venant y aboutir, se trouve la tuyère ou canal qui amène l'air nécessaire à la combustion ; il n'avance que de quelques pieds sous la chaudière et prend une direction verticale, premièrement, puis horizontale. L'ouverture de ce canal, sous la chaudière, est **enveloppée** de tôle ou d'une grille ; ce canal peut aussi traverser tout le plancher de la cuisine et s'ouvrir au dehors, ou commencer dans la cave à fromage. La flamme doit envelopper, autant que possible, régulièrement, tout le fond de la chaudière et la fumée s'échapper entièrement par la cheminée (fig. x). Il est bien important que le manteau du foyer enveloppe exactement la chaudière, *pour que la fumée, qui a toujours un effet nuisible, n'entre pas dans la cuisine.* C'est un point essentiel de la construction des nouveaux foyers. Pour éviter cet inconvénient, quand la chaudière n'est plus sur le feu, on abaisse un *couvert* en tôle, qui est fixé contre la paroi de la cheminée et qui ferme exactement l'ouverture du foyer.

II. *Chaudière fixe à foyer mobile.* Dans ce cas, la chaudière est murée dans un four ou potager de grès (molasse) ou de briques (*b*), avec une seconde paroi intérieure qui force le feu de monter tout autour et jusqu'au bord supérieur de la chaudière. La fumée descend du bord supérieur de cette seconde paroi, dans la cheminée, comme on le voit dans la fig. XI. Le feu se place dans une caisse de fer pourvue de roues ; il peut être ainsi déplacé à volonté, suivant les besoins de la fabrication. Cette caisse à feu est un petit wagonnet qui traverse la cuisine dans un canal qui est de la largeur et de la hauteur de la caisse. N'a-t-on plus besoin de feu, on recouvre la caisse d'un couvert de fonte qui ferme hermétiquement.

Les deux systèmes ont été mis à l'épreuve ; le premier est plus pratique que le second, dont la construction coûte pourtant moins cher. L'essentiel, pour ces sortes de constructions, est *d'employer, pour que le travail soit bien fait, des artisans habiles dans leur métier.*

A côté du *grand foyer,* il s'en trouve ordinairement *un plus petit.* Dans le premier système, ce potager est placé immédiatement à côté du premier (fig. VIII & IX, lettre *t*) ; il sert à faire bouillir de l'eau pour laver les baquets et les toiles. Comme les baquets sont très larges et peu hauts, on donne à la bouilloire la forme d'un parallélipipède allongé (fig. VIII & IV).

Comme il est indiqué sur le plan n° V, on ajoute encore un petit potager qui sert aux fruitiers à cuire leurs aliments ; mais, en général, *on ne trouve qu'un seul foyer* à côté du grand, comme on le voit dans le plan n° I. lettre *d.* Dans le second système de chauffage, le second foyer ne *se trouve pas à côté* du grand, *mais vis-à-vis,* et il n'y a qu'à glisser la caisse à feu, par le canal, pour qu'elle arrive sous la bouilloire, quand on n'a plus besoin de feu sous la grande chaudière (fig. XI).

B. *Presse à fromage.* Dans les anciennes fruiteries, on mettait simplement quelques pierres sur la planche qui recouvre la forme contenant le fromage fraîchement présuré; dans un système encore usité de nos jours, on a une presse à levier, mais *à poids constant;* dans les nouveaux systèmes, les presses sont *à pression variable.*

La pratique a démontré *que la pression* doit être proportionnelle *à la grandeur* du fromage, si l'on veut avoir une pâte bonne et homogène, dans toutes les pièces. Chacun sait que *le but* de la pression est d'éloigner, autant que possible, le liquide (coëte) qui se trouve encore dans le caillé qui sort de la chaudière; sinon, le fromage s'aigrit, prend un mauvais goût, et gonfle. D'un autre côté, une pression trop forte empêche la fermentation nécessaire et, par conséquent, le développement de la beauté du fromage, qui ne met pas assez d'yeux. On a trouvé, ensuite d'essais répétés, que, pour bien presser un fromage, il faut un poids de 15* à 21 livres, en moyenne 18 livres, pour une livre de fromage.

Les presses à poids variables ont les avantages suivants:

1° Elles exercent une pression *progressive* et *soutenue;*

2° On peut les établir *partout* avec facilité et sans trop de frais.

3° On peut *régler facilement et exactement la pression,* suivant la grosseur du fromage, en s'en tenant à la moyenne ci-dessus.

Les presses sont en bois; pour arbre de presse (planche ou poutre sur lesquels on met les poids), on peut utiliser parfaitement de vieux rails de chemin de fer.

Il y a deux systèmes de presses:

1° Le poids (pierres, fer) pend *sous* l'arbre de presse comme le poids d'une romaine; il peut être facilement déplacé (avancé ou reculé), au moyen d'un rouleau de fer qui court sur ce levier.

2° Le poids *mobile* nécessaire est ici placé *dans un chariot* qui peut courir sur l'arbre de presse (planche ou poutre de pression). Ce chariot porte, en son milieu, une aiguille qui

---

* 15 pour les fromages de 50 à 100 ℔
21 » » » » 200 à 300 ℔

indique le poids. Dans les deux systèmes se trouve, à l'extrémité du levier, un poids fixe qui commence la pression * (V. la fig.)

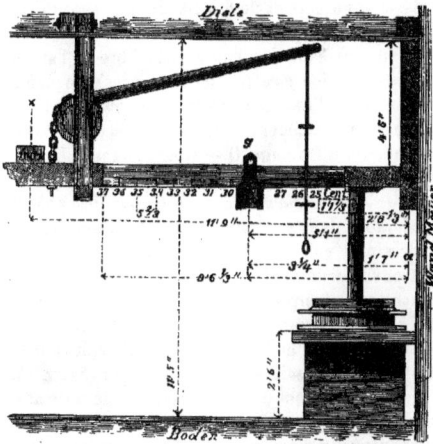

Dans *la première des presses*, ci-dessus indiquées, l'arbre de presse *de bois* peut être remplacé avantageusement, comme nous l'avons dit, par un vieux rail de chemin de fer. Ce levier tourne dans une double pièce de bois qui est fixée dans le mur de la fruiterie. Pour soulever cet arbre de presse, on se sert d'un levier oblique, muni à son extrémité libre d'une pièce perpendiculaire qui sert à la transmission du mouvement; l'autre extrémité de ce levier est fixée à une poulie, tournant dans une double pièce de bois, qui descend du plafond. Ce levier peut soulever l'arbre de presse à l'aide d'un bout de chaîne qui est fixé dans la poulie elle-même et qui s'enroule autour d'elle. En soulevant l'arbre de presse, on dégage la traverse du foncet, que l'on peut ranger comme l'on veut, de manière à amener une pression uniforme sur toutes les parties du

---

* Minimum de pression.

fromage. Le foncet *inférieur* repose *sur la table* ou lit de presse qui est formée d'une forte planche, pourvue de deux rigoles et dépassant, comme dans un pressoir à fruits, de 3 à 6 pouces de chaque côté et de 6 à 10, dans le sens de la longueur, la forme du fromage.

Nous avons vu plus haut que l'extrémité libre de l'arbre de presse porte *un poids fixe* (ici de 200 livres); le poids *mobile* (*y*) peut glisser, d'une manière ou d'une autre, le long de l'arbre, de manière à amener des pressions très différentes, suivant la grandeur du fromage. Il se trouve, dans la figure, entre 20 et 27 quintaux.

Les presses *de seconde forme* sont un peu moins chères que les précédentes; dans toutes les deux, il y a *une échelle de division* dessinée sur l'arbre de presse, moyennant laquelle on trouve facilement la pression nécessaire.

C. Une *place* pour mesurer et peser le lait, à moins qu'on n'ait un local particulier dans la fruiterie. Cet emplacement contient une table ou un banc sur lesquels se trouvent la *balance* et les seaux nécessaires à cette opération (fig. v, *k*). En tout cas, cet emplacement doit être près de la laiterie afin que le fruitier puisse y parvenir par le chemin le plus court.

Il est très avantageux d'avoir, dans chaque fruiterie, un lieu *spécialement destiné à mesurer ou à peser* le lait, pour que les porteurs de lait n'aient à traverser aucun local de la fruiterie avant de le déposer. La propreté de la cuisine et de la laiterie dépendent de cela.

D. Une *grande chaudière de cuivre* avec une anse de fer pour la suspendre au bras du tour. Le fond de cette chaudière est très renflé afin de donner au feu plus de surface. On a différentes formes de chaudière: celle de *Lucerne* qui a le fond peu développé, celle de *Berne* dont le fond est très grand, celle de *Fribourg*, dont le fond est très bombé etc.

E. *Ustensiles qui servent à la fabrication:*

a) Une *baratte.* (Voyez plus loin.)

b) Un *brasseur* qui sert à rompre et à diviser le caillé dans la chaudière.

c) Une certaine quantité *de toiles à fromage*, qui servent à sortir le caillé de la chaudière et à l'envelopper dans la presse. Ces linges doivent être lavés, séchés et changés souvent.

d) Une *forme* ou *cercle* à fromage et *deux foncets* ou couvercles. Le premier, qui est ordinairment en bois de hêtre ou de noyer, sert à donner au fromage sa forme ronde. Les foncets se placent en dessous et en dessus de la forme pour donner au fromage une forme aplatie.

e) Deux* *boilles* ou *brantes* pour *l'azi* (azilières), ou présure acide; elles sont pourvues d'un robinet. Pour maintenir l'azi à une certaine température, la boîlle ou brante qui le contient doit être placée non loin de la chaudière. Ce liquide sert à la fabrication du ziger ou seret (séré) et à d'autres usages encore, qui seront énumérés plus loin.

f) Un grand baquet *pour rafraîchir le grasseîon* ou *crême de petit-lait* qui sert à la fabrication du beurre de bretze, beurre blanc, ou *beurre de petit-lait*.

g) Un *vase pour conserver la présure* (ordinairement un pot de grès ou de terre de pipe).

h) Un *thermomètre*.

i) Divers objets pour *nettoyer les ustensiles*. Pour les vases de bois, on se sert, en général, de brosses ou torchons de prêle ou de rizette; pour la chaudière, d'un tissu métallique qui porte le nom de chaînette. A présent on se sert des brosses fabriquées exprès, pour ce but.

2. Chambre à lait ou laiterie

a) Un tamis (passoire) pour couler le lait.

b) La quantité nécessaire de *baquets*.

c) Une grande et une petite *écrémoire* (cuiller à écrémer).

d) Un *seau* pour transporter la crême à la cuisine.

e) *Différentes formes* pour mouler le beurre en pièces de 1/3, 1/2 ou d'une livre.

f) Une *éprouvette* dont nous parlons plus loin.

g) Un certain nombre de *verres éprouvettes* qui servent à essayer ou sonder le lait des différents fournisseurs, rangés sur une étagère.

---

* Une pour l'azi faible (fabrication du grasseîon)
  l'autre »   » fort (fabrication du séré.)

3. Cave à fromage

a) Une *table* pour saler les fromages. Dans la fabrication en grand on a des tables *à roulettes* et à deux étages.

b) Un *moulin pour écraser le sel* (égrugeoir).

c) Une *salière*.

d) Une *grande brosse à manche*, pour fromages.

e) Une *sonde*.

f) Un *couteau à couper le fromage*, pour la vente en détail.

g) Des *tabliers* pour le fruitier.

APPENDICE
Le Thermomètre

Autrefois, on se moquait des gens qui disaient que pour être sûr de son travail, il fallait faire usage du thermomètre dans les fruiteries, et que c'était là le seul moyen de fabriquer *une marchandise de qualité supérieure*. Les fruitiers prétendaient que leurs bras, leurs mains étaient les *meilleurs* thermomètres. Aujourd'hui, il en est autrement; partout où l'on fabrique le fromage pour le commerce, on se sert de cet instrument. On est actuellement convaincu qu'on ne peut se fier aux *données incertaines du tact*. Si nous avons chaud, l'air et les liquides nous *paraissent* plus frais qu'ils ne le sont réellement; avons-nous froid, c'est le contraire qu'il nous arrive. Nous avons donc heureusement à notre disposition, un instrument qui nous indique, *avec certitude*, le degré d'intensité de la chaleur.

Le thermomètre est un instrument formé d'un tube de verre fermé et portant à son extrémité inférieure, un réservoir, en forme de sphère, rempli de mercure ou d'esprit de vin. Les thermomètres que l'on emploie pour estimer la température des liquides, sont munis d'une armature métallique; l'échelle de graduation se trouve alors parallèle à la tige thermométrique. Le mercure est un corps qui se dilate ou se contracte très rapidement. Si l'on met le thermomètre dans de l'eau bouillante, le mercure monte jusqu'à une certaine hauteur dans le tube, c'est le *point d'ébullition* de l'eau qu'il ne dépasse jamais dans les mêmes circonstances; si on le met, au contraire, dans un mélange de glace pilée et d'eau, le mercure descend jusqu'a un certain niveau, c'est le point de congélation de l'eau qui est toujours le même.

Il y a trois manières de divisier cet intervalle:

1° Echelle de Réaumur. Le physicien français Réaumur, marque 0° à la température de la glace fondante et 80° à la température de la vapeur d'eau bouillante et il divise cet intervalle en 80 parties égales.

2° Echelle centigrade ou de Celsius. Le physicien suédois Celsius a divisé le même intervalle en 100 parties égales.

3° Fahrenheit, de Dantzig, marque 32° à la température de la glace fondante et 212° à la température de l'eau bouillante. Son point de départ 0° est la température d'un mélange de sel ammoniac et de glace pilée.

En Suisse, les deux premiers systèmes de graduation sont seuls employés. Avant de se servir de l'un ou de l'autre de ces instruments, il faut donc bien observer la *division* qui se trouve sur la planchette ou sur le papier, en retenant que 5° centig. valent 4° R. Les trois figures suivantes donnent une idée de la différence de graduation de l'échelle thermométrique.

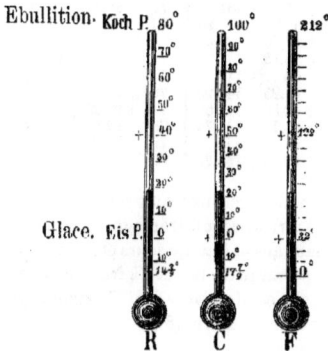

R   C   F

Pour faciliter, aux fruitiers, la transformation des degrés d'une échelle, en degrés d'une autre échelle, nous plaçons ici le tableau suivant:

TABLEAU COMPARATIF.
des trois échelles thermométriques

Réaumur	Centigrade	Fahrenheit	Réaumur	Centigrade	Fahrenheit	Réaumur	Centigrade	Fahrenheit
0	0	32	27	33,75	92,75	54	67,50	153,50
1	1,25	34,25	28	35	95	55	68,75	155,75
2	2,50	36,50	29	36,25	97,25	56	70	158
3	3,75	38,75	30	37,50	99,50	57	71,25	160,25
4	5	41	31	38,75	101,75	58	72,50	162,50
5	6,25	43,25	32	40	104	59	73,75	164,75
6	7,50	45,50	33	41,25	106,25	60	75	167
7	8,75	47,75	34	42,50	108,50	61	76,25	169,25
8	10	50	35	43,75	110,75	62	77,50	171,50
9	11,25	52,25	36	45	113	63	78,75	173,75
10	12,50	54,50	37	46,25	115,25	64	80	176
11	13,65	56,75	38	47,50	117,50	65	81,25	178,25
12	15	59	39	48,75	119,75	66	82,50	180,50
13	16,25	61,25	40	50	122	67	83,75	182,75
14	17,50	63,50	41	51,25	124,25	68	85	185
15	18,75	65,75	42	52,50	126,50	69	86,25	187,25
16	20	68	43	53,75	128,75	70	87,50	189,50
17	21,25	70,25	44	55	131	71	88,75	191,75
18	22,50	72,50	45	56,25	133,25	72	90	194
19	23,75	74,75	46	57,50	135,50	73	91,25	196,25
20	25	77	47	58,75	137,75	74	92,60	198,50
21	26,75	79,25	48	60	140	75	93,75	200,75
22	27,50	81,50	49	61,25	142,25	76	95	203
23	28,75	83,75	50	62,50	144,50	77	96,25	205,25
24	30	86	51	63,75	146,75	78	97,50	207,50
25	31,25	88.25	52	65	149	79	98,75	209,75
26	32,50	90,50	53	66,25	151,25	80	100	212

Dans les fruiteries, on doit recourir aux thermomètres, non seulement pour la fabrication du fromage, mais aussi pour celle du beurre. Il faut aussi, tous les jours et à plusieurs reprises, mesurer la température de la cave à fromage et de la laiterie. Le plus simple est de placer un Thermomètre dans chacun des locaux de la fruiterie (6).

II.

LE LAIT.

Le lait est un liquide *blanc, doux* et *agréable au goût ;* il répand, quand on le chauffe, une *odeur particulière.* Les *petits globules de beurre,* répandus également dans tout le liquide, le rendent *opaque,* car le lait est une émulsion naturelle. Le lait *écrémé,* de couleur *bleuâtre,* est, par l'absence de substance grasse, *plus pesant* que le lait *non écrémé* (7).

On *extrait* le lait, de la *tétine* ou *glande mammaire* de la vache, par le pis, ou mamelon, au milieu duquel se trouvent des canaux munis de muscles orbiculaires. Ces canaux s'élargissent, dans la tétine, en plusieurs cavités, dans lesquelles le lait s'amasse (réservoirs du lait, ou vaisseaux galactophores). Il est à remarquer que certains médicaments et différentes matières colorantes passent à travers la glande mammaire, sans subir d'altérations. Ainsi, les diverses espèces d'ails donnent au lait une couleur et un goût particuliers ; les myosotis, mangés en certaines quantités, le colorent en bleu ; les gaillets et la garance en rouge ; le safran en jaune, etc.

La *quantité de lait* que donnent les vaches dépend en partie de la *race* (bonnes laitières, mauvaises laitières), en partie des *qualités inviduelles* et de *l'âge de la bête,* car on sait que des vaches de même race, qui sont nourries des mêmes aliments et reçoivent les mêmes soins, ne rendent pas la même quantité de lait ; en partie aussi du traitement (rude ou doux).

Immédiatement après le part, (mise bas), la quantité de lait augmente assez rapidement, se maintient pendant quelque temps, puis diminue ensuite et cela d'autant plus rapidement que l'on est plus près du moment ou il faut laisser à gouttes (la mise à sec, six à huit semaines avant le part).

L'agriculteur qui veut savoir s'il a de bonnes ou de mauvaises laitières, doit tenir un *compte exact* * du rendement de chaque vache, au moins une ou deux fois par semaine.

Quant à la *manière de fourrager* les bêtes laitières, il faut tenir compte des circonstances suivantes :

1° Avoir soin de donner aux bêtes laitières du fourrage *sain* et en *quantité suffisante*. (8) (3 ½ à 4 livres de foin pour chaque 100 livres pesant de l'animal, en vie).

2° Le *mélange des aliments* doit être *bien proportionné*. (Mélange d'aliments plastiques ou formant de le viande, et d'aliments de respiration ou formant de la graisse).

3° Les animaux qui ruminent demandent à avoir l'estomac suffisamment rempli ; ainsi, il doit y avoir un rapport convenable, entre le *volume* et la qualité nourrissante des aliments.

4° Les heures de repas *doivent être réglées*, de même que la ration, qui doit être toujours à peu près la même.

5° Les seilles et ustensiles, dont on se sert pour donner à manger au bétail, doivent être *maintenus propres*.

6° Le *passage* d'un genre de fourrage à un autre doit, surtout au printemps et en automne, se faire progressivement. Les changements brusques d'un genre de nourriture à un autre, sont toujours très-pernicieux.

7° Il ne faut *laisser perdre* ou gâter aucun fourrage ; car l'économie bien entendue va de pair avec une bonne alimentation.

L'art de soigner et de bien nourrir le bétail, est difficile ; il repose sur une connaissance approfondie de l'état physiologique et de l'instinct de chaque bête.

1. **La traite ou mulsion.**

La manière de traire influe beaucoup sur la *conservation* et sur la *qualité* du lait.

Les mains du vacher, la tétine de la vache, les baquets

---

* Registre de traite, pour établir, par vache, la moyenne mensuelle et annuelle.

et les toiles duivent se trouver toujours dans un état d'exquise propreté. Pour qu'aucune impureté ne tombe dans le lait, celui qui va traire doit commencer son opération par se laver les mains et nettoyer soigneusement la tétine de la vache. Il est aussi très dangereux, pour le lait, de le laisser *séjourner longtemps*, dans les écuries chaudes et saturées de gaz méphitiques. Il faut l'en sortir au plus vite, le mettre au grand air, dans un vase non couvert et en lieu sûr, jusqu'à ce que le vacher ait terminé sa besogne (fourrager et abreuver).

Il faut préparer à la traite (amollir) en tirant et foulant légèrement le pis et il faut surtout traire à fond, car la crème vient la dernière. Mieux on remplit ces conditions, plus est grande la quantité de lait et plus les qualités en sont rehaussées.

Des expériences nombreuses ont démontré qu'il vaut mieux traire *trois fois* par jour *que deux ;* le rendement est plus considérable.

On a souvent essayé de remplacer le *travail manuel par des appareils* à traire; mais tous ces essais ont échoué jusqu'à présent.

Dans les maladies de la tétine seulement, on se sert avantageusement *de petits tubes en argent* *, mais ces appareils ont le désavantage de paralyser, à la longue, les muscles orbiculaires des mamelons et d'amener un écoulement involontaire du lait.

2. De la composition du lait.

La lait est un composé de matières très diverses. Il contient de l'eau, des matières grasses, du caseum, du sucre de lait et quelques sels. (9)

Ces matières se trouvent dans le lait en quantités très variables. (10) L'âge, la race, le mode d'alimentation, etc., etc. sont des causes de variations dans ces rapports.

---

* Sont en vente à la station laitière suisse: un apparail à 4 tubes coûte 8 francs.

On peut dire, qu'en moyenne, 100 livres de lait contiennent:

87 ¹/₂ livres d'eau.

3 ¹/₂ „ de matières grasses.

3 ¹/₂ „ caseum.

¹/₂ „ d'albumine.

4 ¹/₂ „ sucre de lait.

¹/₂ „ sels divers.

_____

100 livres.

Examinons ces différentes matières.

1. *L'eau.* La quantité d'eau que contient le lait varie suivant les sujets. 100 livres de lait contiennent de 84 à 91 livres d'eau, dans laquelle se trouvent, en *suspension* et en *dissolution*, les matières suivantes:

2. *La matière grasse* qui est plus légère que l'eau (poids spécifique 0,942), donne au lait sa couleur *blanche* et le rend complètement *opaque*. Dans 100 livres de lait, il y a de 3 à 4 livres de cette matière. Si l'on secoue vivement, pendant un certain temps, de l'huile dans de l'eau, celle-ci se divise en petits globules, ce qui donne au mélange intime d'eau et d'huile, une couleur de lait (émulsion). Cette couleur ne persiste pas, parce que les globules d'huile, plus légers que les molécules de l'eau, remontent à la surface, où ils constituent une couche dont l'épaisseur est en rapport avec la quantité d'huile mélangée. Pareille séparation s'opère aussi dans le lait: les globules butyreux montent, peu à peu, à la surface, pour y former une couche de crème. Les globules gras ne sont pas tous de même dimension; les plus grands montent les premiers et ainsi successivement. Il y a des globules qui sont si petits, qu'ils ne peuvent vaincre la résistance que le liquide oppose à leur ascension; ils restent ainsi suspendus dans toutes les parties du liquide qui, par conséquent, ne peut devenir complètement transparent quel que soit le nombre de fois qu'on écrème. La crême se compose d'un certain nombre de matières grasses, les unes *liquides*, d'autres *solides*.

3. Le *caseum* est, par excellence, la matière *nutritive* du lait. Cent livres de lait en contiennent de 2 $^7/_{10}$ à 4 $^3/_{10}$ livres. Cette matière coagule au contact d'un acide ou de la présure, mais non par la chaleur. Dans cette dernière circonstance, il se forme, à la surface du lait que l'on fait bouillir, une peau de caseum qui se renouvelle sans cesse.

4. *L'albumine.* Cette matière, qui est analogue au blanc d'œuf, se trouve dans tous les liquides animaux et aussi dans le lait. Cent livres de lait en contiennent $^1/_2$ livre. La matière albumineuse, qu'on nomme séré, séret, serai ou ziger, suivant les localités, se précipite, à l'ébullition, en présence d'un liquide acide, espèce de présure, que nos ·fruitiers appellent le „ azi ".

5. Le *sucre de lait.* Cent livres de lait contiennent de 3 $^1/_{10}$ à 5 $^1/_2$ livres de lactine. Ce sucre diffère peu du sucre ordinaire, mais il est beaucoup moins doux, craque entre les dents et se dissout beaucoup plus difficilement dans l'eau. C'est cette matière qui donne au lait sa saveur douce et agréable. Sa densité est de 1,543. Le sucre de lait ou lactine, se dissout dans 6 parties d'eau froide et dans 2 parties d'eau bouillante, tandis que le sucre de canne est soluble dans le tiers de son poids d'eau froide et en toutes proportions, dans l'eau bouillante.

Le sucre de lait est d'une grande valeur pour l'alimentation de l'homme, puisqu'il est un des aliments essentiels de la respiration. La fermentation du sucre de lait est un point curieux de son histoire. Ainsi, à 40°, il se transforme en alcool et acide carbonique; à la *température* ordinaire, en *acide lactique.*

6. Les *sels* proviennent du sol; ils restent sous la forme d'une poudre blanche, après l'incinération du lait, dans un vase d'argent ou de platine. Ces substances rehaussent la valeur nutritive du lait, en fournissant aux os, les matières nécessaires à leur formation (animaux à la mamelle).

Nous reviendrons plus tard, et avec plus de détails, sur les éléments constitutifs du lait 2, 3, 4, 5.

3. Des variations dans la composition du lait.

Un mélange aussi complexe que le lait peut subir facilement les *modifications* importantes que nous allons énumérer.

1. Le lait du *soir* et celui *du matin* n'ont pas la même composition, le premier contient plus de matières grasses que le second.

2. De *l'exercice.* L'expérience a démontré qu'un exercice *modéré*, au grand air, a une heureuse influence sur la sécrétion et les propriétés du lait. Il est prouvé que le lait des *vaches attelées* quelques heures par jour (3 à 4), est plus riche en beurre que celui des laitières qui restent à l'écurie; au contraire, un travail *prolongé*, des marches longues, pénibles et inaccoutumées, diminuent la sécrétion du lait et lui font perdre une partie de ses qualités; aussi les vaches laitières ne doivent-elles être attelées qu'une partie de la journee et appliquées à des travaux peu pénibles. On a remarqué que le lait des bêtes fatiguées se tranche facilement, preuve que ses propriétés ont été modifiées. Le rendement en beurre du lait des bêtes fatiguées est beaucoup moins considérable.

3. *Commencement et fin de la traite.* Quand on recueille le lait d'une vache pour le soumettre à l'examen, dans différentes *éprouvettes* en verre, on trouve que celui qui a été trait le *premier* contient le plus d'eau, et que les globules de beurre augmentent à mesure que l'on approche de la fin de l'opération. M. le Dr Schübler * a fait, dans son temps, à Hofwyl, les observations suivantes, sur la traite d'une vache:

Lait du 1er verre,	5 p. %	de crème sur	1,0340	poids spécifique.
2ème	8 »	»	1,0334	»
3ème	$11^5/_{10}$ »	»	1,0327	»
4ème	$13^5/_{10}$ »	»	1,0315	»
5ème	$17^5/_{10}$ »	»	1,0290	»
En moyenne,	$11^5/_{10}$ pr. %	de crème sur	1,0321	poids spécifique.

* Boussingault à trouvé dans le premier litre 2 % mat. grasses.
  » » dernier 9 % »
  Ramussen » dans la première moitié
  de la traite 7 % »
  » » la dernière 14 % »

En général, ce n'est que la partie *butyreuse* du lait qui augmente, tandis que le caseum, le sucre et les sels restent à peu près les mêmes pendant tout le temps de la trait.

4° *Colostre, béton, premier lait après le part.* Il est d'un jaune foncé, d'une consistance gélatineuse; il renferme peu de caseum, peu de beurre, beaucoup de matières albumineuses *, beaucoup de sels. Son poids spécifique est beaucoup plus considérable que celui du lait ordinaire (1,0455). La matière albumineuse qu'il contient diminue insensiblement à mesure que le lait augmente. C'est cette matière albumineuse qui donne au béton (colostre) ses propriétés visqueuses et qui le fait coaguler à chaud. Il est défendu de porter ce premier lait aux fruiteries; ce n'est guère qu'après la 8e ou 10e traite que l'on accepte le lait de vaches fraîchement vélées.

5° La *quantité*. En général, le lait des vaches, qui en donnent *beaucoup,* est plus aqueux que celui des vaches moins riches en lait. Ce dernier, d'ailleurs, est meilleur. Plus on approche d'un nouveau part, plus le lait est riche en matières solides. En général, on laisse les vaches tarir de 7 à 8 semaines avant le terme.

4. Défauts du lait (11).

a) *Couleur bleue du lait.* Cette couleur ne provient pas toujours de plantes que les vaches peuvent avoir mangées (myosotis). Quelquefois, on aperçoit sur le lait, qui repose depuis peu, d'abord quelques taches bleues qui s'étendent ensuite sour toute la surface du lait. Si l'on écrème, la couleur bleue reparaît de nouveau, en une couche mince, fluide, huileuse, et le lait prend un fort mauvais goût. On attribue la production de ce phénomène à l'apparition d'une matière colorante très vénéneuse, le bleu d'aniline, qui provient d'une perturbation dans la digestion de mauvais fourrages, surtout dans les pâturages d'automne. Des soins donnés à temps et un changement de nourriture font dis-

---

* Jusqu'à 15 $^0/_0$ au lieu d'un $^1/_2$ $^0/_0$.

paraître le mal au bout de quelques jours. Ce lait aniliné a des propriétés toxiques très dangereuses. En 1862, on a constaté des symptômes d'empoisonnement provoqués par ce liquide, dans une famille de quatre personnes.

b) Le *lait aqueux*. Ce lait est très fluide, bleuâtre et contient moins de parties grasses et de caseum. Il faut rechercher la cause de ce défaut du lait dans l'action de fourrages aqueux, gelés, dans l'herbe de prairies humides, dans celle de fourrages-racines récoltés dans les années humides, etc. Le changement immédiat de fourrages, beaucoup de sel, quelques matières toniques et amères jetées sur la provende (gentiane, graine de genièvre, etc.) portent un prompt remède à ce mal.

c) *Lait visqueux*. Ce lait est filant et d'un aspect désagréable, lors même qu'il n'est pas nuisible à la santé. Pendant que les uns recherchent l'origine de ce changement remarquable dans la tansformation du sucre de lait ou dans la malproproté des vases, d'autres l'attribuent à l'influence d'une plante nuisible (*Pinguicola vulgaris*) ou *grassette*. En Suède, pour empêcher le lait de s'aigrir, on frotte les baquets avec cette plante. On ne saurait trop recommander aux fruitiers la plus grande propreté dans les ustensiles de fruiterie, car c'est un moyen important de lutter contre la production du lait visqueux.

d) Le *lait amer* provient du manque de propreté et de caves humides et sombres. Si la couche de crême n'est pas partout de même épaisseur, s'il s'y montre des taches jaunâtres ou d'un gris sale, le beurre devient alors mou et de mauvais goût, lors même que le lait était doux et agréable, immédiatement après la traite.

Le manque de propreté et de soins est seul la cause de cet accident. Ainsi, la propreté dans les baquets, dans l'écurie, dans les locaux où l'on conserve le lait, remédie indubitablement à ce grave défaut.

e) Le *lait rouge*, abstraction faite des matières colorantes indiquées plut haut, provient souvent de blessures dans la tétine ou d'effusion de sang dans l'intérieur même des canaux

galactophores. Ce lait n'est pas pernicieux, mais désagréable
à l'œil et au goût. Il ne peut d'ailleurs pas être employé à la
fabrication du fromage. La cause du mal pourra facilement
être recherchée par un vétérinaire, quand elle ne provient
pas de blessures légères et superficielles.

f) Le *lait granuleux* contient de petits grains de chaux
(phosphates et carbonates). Ces granulations que l'on sent
déjà en palpant le pis, se trouvent souvent en si grande
quantité qu'ils obstruent complètement les conduits du lait.
Très souvent, les bêtes atteintes de cette maladie doivent
être abattues. La cause en est inconnue.

g) **Lait difficile à baratter**. Il arrive quelquefois que la
crème, malgré un travail long et assidu, ne peut être
barattée.

Dans ces circonstances, elle produit une écume de mauvaise odeur et de mauvais goût, qui foisonne au point de
remplir peu à peu la baratte. Les recherches minutieuses du
Dr Jules Lehmann, à Munich, ont constaté que ce phénomène
provient:

1° De la malpropreté des écrémoires et des barattes;

2° D'un repos trop prolongé du lait ou de la crème avant
de baratter;

3° De propriétés maladives du lait;

4° D'une décomposition partielle du caseum ou des parties
butyreuses.

La crème qu'on ne peut baratter est aigre, de mauvaise
odeur et de mauvais goût, ce qui indique un commencement
de putréfaction. Lors même qu'on ne connaît pas encore
parfaitement toutes les causes de cette décomposition spontanée, on a pourtant trouvé un remède, souvent efficace,
pour la combattre. Il consiste dans une légère *lessive de
soude* fait aux baquets, barattes, etc.

En résumant ce que nous venons de dire sur les défauts
du lait, nous voyons que, dans la plupart des cas, la malpropreté, une mauvaise nourriture, des locaux mal entretenus
et mal choisis, pour conserver le lait, sont ordinairement la
cause de ces accidents; luttons donc de toutes nos forces

contre ces négligences pour ne plus les voir se produire, car l'expérience nous apprend que dans les contrées où le bétail est bien soigné et où les fruiteries sont conduites avec la propreté nécessaire, ces altérations du lait ne se produisent que très rarement, pour ne pas dire jamais.

5. De l'acidification spontanée.

L'acidification spontanée du lait est très fréquente; il se coagule (tranche) déjà à la température ordinaire, mais surtout quand on le fait bouillir. Ce phénomène se produit surtout en été et dans la saison des orages. De légères maladies de la tétine, ainsi qu'une traite incomplète, peuvent provoquer la formation du caillé, mais l'insouciance et le manque de propreté sont ordinairement les causes déterminantes du phénomène. L'agent déjà indiqué plus haut, le bicarbonate de soude, rend ici aussi de très bons services en neutralisant immédiatement l'acide lactique au moment où il se forme. On se sert fréquemment de ce sel, quand il s'agit de transporter le lait au loin, pour l'alimentation des grandes villes; il donne au lait, surtout pendant la cuisson, une couleur jaunâtre, (12) sans toutefois nuire à sa qualité. Le meilleur moyen d'empêcher l'acidification du lait est de le refroidir, immédiatement après la traite, au dessous de 12° R. (15° C.)

6. De l'épreuve ou essai du lait.

Dans les grandes villes comme pour les fruiteries, on *falsifie* souvent le lait en y ajoutant des matières *étrangères* et surtout de l'*eau*. Quant aux matières étrangères que l'on ajoute au lait, ce sont ordinairement du sucre, de l'amidon ou fécule, de la farine, du riz, de l'albumine, de la colle, de la cervelle, de la craie, de l'eau de savon, etc. Toutes ces matières rendent le lait écrémé plus opaque et lui donnent plus de densité. Quelques-unes de ces falsifications se reconnaissent immédiatement soit au goût, soit à l'odorat; d'ailleurs, le lait falsifié avec certaines matières, donne toujours, au fond du vase où on le fait bouillir, une incrustation tout à fait étrangère.

Les falsifications les plus fréquentes sont:

a) Dans le lait vendu ou porté dans les fruiteries comme lait *non écrémé ;*

1° De le mélanger avec de l'eau.

2° De le mélanger avec de l'eau aprés l'avoir préalablement écrémé.

3° De le mélanger avec du lait écrémé.

4° De lui enlever une portion de sa crème.

a) Dans le lait vendu comme *moitié écrémé :*

1° De le mélanger avec de l'eau.

2° De l'écrémer plus de la moitié.

3° De l'écrémer plus de la moitié et de le mélanger avec de l'eau.

Il est naturellement *très important* que chacun puisse reconnaître ces falcifications *d'une manière facile et sûre.*

La méthode la plus sûre de reconnaître le degré de pureté ou de falsification du lait consiste à en déterminer les matières constitutives dans leurs rapports mutuels, par *l'analyse chimique* (qualitative et quantitative); mais ce procédé exige de vastes connaissances et beaucoup de temps. L'acheteur et le fruitier, qui doivent reconnaître immédiatement les qualités du lait qu'ils reçoivent, ne peuvent recourir à ce procédé; il leur faut une méthode plus simple et plus expéditive.

Nous ne décrirons ici que le procédé qui, en Suisse comme à l'étranger, s'est acquis une approbation générale; celui qui est admis, par la plupart des tribunaux, comme preuve juridique.

Pour faîre cette épreuve, l'emploi de trois instruments est nécessaire; ils servent à établir exactement le *poids spécifique* du lait en tenant compte de la *température*; (car il est connu que la chaleur change le volume et par conséquent la densité des corps).

C'est à M. le pharmacien *Müller*, de Berne, qu'appartient l'honneur d'avoir mis en pratique cette épreuve combinée

(Lactodensimètre, Thérmomètre, Crémomètre). Il a inscrit les résultats de ses nombreuses expériences dans une *brochure* (13) qui accompagne toujours ces instruments lorsqu'on se les procure chez lui ou dans la station laitière suisse.

1. Le Lactodensimètre.

Cet instrument, qu'on appelle aussi *éprouvette*, sert à mesurer la densité du lait. L'inventeur de cet instrument feu M. Quevenne, ancien chef des pharmacies des hôpitaux de Paris, l'a recommandé, à l'usage général, dans la forme ci-contre.

Le lactodensimètre de Quevenne est un *aréomètre* ordinaire, muni d'une échelle, sur laquelle on voit facilement la densité du lait. Si l'on suppose le poids d'un certain volume d'eau = 1,000, le poids d'un même volume de lait pourra varier entre 1029 et 1833. Sur l'échelle, les deux premiers chiffres de ces nombres sont supprimés à dessein: on ne voit que 29 et 33 comme désignation du *lait pur*, à une *température de 15° centigrades*. Le lait *non écrémé*, le plus riche qu'on ait eu à mesurer, marquait 1042 ou 42; c'est aussi le point de départ de notre graduation. Le lait qui marque moins de 1014 ou 14 n'a plus besoin d'être éprouvé, car, dans ce cas, la falsification est évidente aux yeux et au goût. Le chiffre 14 sera donc le dernier

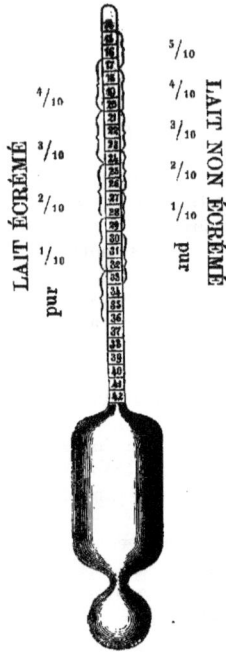

LAIT ÉCRÉMÉ pur — $1/10$, $2/10$, $3/10$, $4/10$

LAIT NON ÉCRÉMÉ pur — $1/10$, $2/10$, $3/10$, $4/10$, $5/10$

terme de notre graduation. Donc, en examinant le lait non écrémé, si le poids spécifique est au-delà du chiffre 1029 (dans les cas *ordinaires* et pour le lait de *plusieurs vaches*), la falsification sera de l'eau et les fractions en parenthèse $^1/_{10}$, $^2/_{10}$, $^3/_{10}$, $^4/_{10}$, $^5/_{10}$, etc., indiquent la quantité d'eau introduite. Ces fractions servent, en même temps, de point de départ, pour estimer la perte subie.

Le lait pur *écrémé* est à gauche, dans la table, entre 1033 ou 33 et 1036 ou 36; car, comme nous l'avons dit, il est plus pesant que le lait ordinaire, puisqu'on lui a enlevé, sous forme de crême, ses parties les plus légères. Les chiffres en parenthèse, $^1/_{10}$, $^2/_{10}$, $^3/_{10}$, $^4/_{10}$, $^5/_{10}$, indiquent la quantité d'eau qui est entrée dans le mélange.

Nous ferons observer que l'instrument, avec son échelle, ne s'applique qu'au *mélange du lait de plusieurs vaches,* tel qu'on le trouve chez les vendeurs et dans les fruiteries. Quand il s'agit de *l'essai* du lait d'une *seule et même* vache, les chiffres du lait *non écrémé* et du lait *écrémé* (29-33 et 33-36) peuvent varier davantage quand bien même le lait *n'aurait pas été* falsifié. Il faut alors chercher le causes de ces variations dans les altérations ci-dessus énoncées, ou dans le caractère particulier de chaque vache.

2. Le Crémomètre.

Cet instrument se compose d'un verre à pied parfaitement cylindrique. Son échelle, incrustée dans le verre, se divise en 50 parties. Chevalier, qui a construit le crémomètre dans la forme usitée aujourd'hui, a trouvé, après de nombreux essais, qu'il devait y avoir un rapport constant entre le diamètre de l'instrument et sa hauteur. Veut-on faire usage du crémomètre, il faut le remplir de lait bien remué jusqu'à 0° et laisser reposer, pendant 24 heures, dans un lieu convenable. Au bout de ce temps, il s'est formé une couche de crême de 10° à 12° ou davantage, suivant la richesse du lait. Il est alors facile de distinguer, sur le vase, la couche de crême qui s'est formée, puisque sa couleur diffère beaucoup de celle du lait. La température de l'espace où

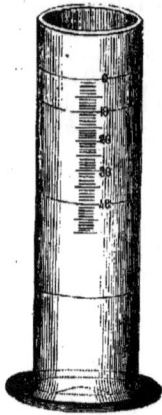

se place l'instrument, pour faire l'expérience, doit être de 15 ° Centigrades.

Le crémomètre est très utile, non seulement aux vendeurs de lait et aux
fruitiers, mais aussi aux agriculteurs
auxquels il peut servir à déterminer la
quantité de crême que donne le lait de
chaque vache, les transformations qu'-
éprouve le lait, dès l'instant du vélage
jusqu'au moment où la vaches tarit (est
à sec ou à gouttes) et l'influence le
l'alimentation sur la production de la
crême.

Pour mesurer à la fois la quantité de
crême de plusieurs vaches ou de plusieurs
fournisseurs on a construit, dans la
station laitière suisse, une étagère avec
10, 20, 30 verres éprouvettes. Avec une
échelle mobile ou détermine les degrés de la crême montée,
après 24 heures.

3. Du thermomètre centigrade.

Comme la densité du lait varie avec la température, il
faut nécessairement, pour marcher sûrement, tenir compte
du *degré de chaleur* du lait qu'on éprouve. C'est pour cette
raison que M. Müller ajoute à son ouvrage, „*Essai du lait de
vache*", les deux tables de corrections que nous ajoutons
aussi à notre Manuel (appendice). La première de ces tables
est pour le lait *non écrémé* (d'après Quevenne) et la seconde
pour le lait *écrémé*.

Dans ces tables, la 1ère série horizontale de chiffres de
1° à 30°, marque les degrés de chaleur du lait; la 1ère série
verticale, au contraire de 4 à 35 la densité du lait *non
écrémé*; de 18 à 40, pour le lait *écrémé*. Veut on savoir la densité vraie du lait à un degré quelconque, il n'y a qu'à chercher,
dans la table le carré, dans lequel la série *horizontale* rencontre la *verticale*. Le chiffre qui s'y trouve donne la vraie
densité du lait.

Exemple pour le lait écrémé. Supposons que l'instrument descende dans le liquide à 37° (sans thermomètre, il pourrait être considéré comme falsifié); mais le thermomètre ne marquant que 7° C., la véritable densité du lait est donc 35,9 — par conséquent le lait est bon.

4. Manière d'éprouver le lait.

1° On verse le lait à éprouver, dans le crémomètre, jusqu'à trois doigts du bord et l'on y introduit doucement le *lactodensimètre* qu'on laisse flotter librement; s'il n'y a pas de bulles d'air attachées à l'instrument, on notera exactement le degré de densité qu'il indique.

2° Après avoir retiré le lactodensimètre, on enfonce dans le même lait le *thermomètre* et, au bout d'une ou deux minutes, on note la température.

3° On cherche, sur la table, le chiffre des densités indiqué par les données ci-dessus et l'on obtient ainsi la vraie densité du lait. Si le chiffre trouvé est entre 29 et 33, le côté droit de l'instrument nous donne du lait pur, lorsqu'il provient de plusieurs vaches. Il y a pourtant des cas où les chiffres peuvent indiquer du lait pur, quand bien même il a été falsifié; c'est lorsque le lait, après avoir été écrémé, se ramène, avec de l'eau, aux chiffres 29 et 33. Dans ce cas, et, en général, quand on suppose que du lait vendu comme lait non écrémé, *a été* écrémé, on continue l'épreuve avec le crémomètre de la manière suivante:

4° On remplit le *crémomètre* du liquide douteux, exactement jusqu'à 0° et on laisse reposer, pendant 24 heures. La couche de crème qui se forme, pendant ce temps, indiquera le degré de qualité du lait. Un lait de bonne qualité donne une couche de crème de 10 à 12°. Si le lait est écrémé, la couche de gras est bien moins épaisse et elle le sera encore moins si l'on a mélangé de l'eau au lait écrémé, pour le ramener à la densité voulue.

5° Enfin, on éprouve le lait, après en avoir ôté toute

3

la crème à l'aide d'une cuiller, avec le lactodensimètre et le thermomètre, comme nous l'avons indiqué précédemment.

Avec les deux chiffres donnés, on cherche dans la table la vraie densité du lait écrémé. C'est le côté gauche de l'échelle qui nous indiquera alors le degré de pureté du lait. Le lait pur et écrémé donne des chiffres qui varient entre 32 $^1/_2$ et 36 $^1/_2$.

Pour ce qui est de *l'exactitude* de l'épreuve faite avec les instruments que nous venons de décrire, on peut être en *sécurité*, car l'inventeur du lactodensimètre, M. Quevenne, a fait plus de 6,000 expériences dont le nombre a encore été augmenté par ses successeurs. M. le Dr. Muller, de Berne, qui s'occupe de ce sujet important depuis 1846, a fait quelques centaines d'essais qui ont toujours donné les résultats les plus satisfaisants. Quoique cette manière d'éprouver le lait ait été souvent attaquée, elle s'est toujours montrée la plus expéditive et relativement la plus vraie de toutes les méthodes empiriques employées jusqu'à ce jour.

M. le professeur, Dr. Fr. Coppelsröder, qui a été chargé, depuis des années, par l'autorité de Bâle, d'éprouver le lait vendu dans cette ville, dit de cette méthode: „Dans la main du praticien, le lactodensimètre et le crémomètre rendent *d'excellents services;* mes nombreuses recherches m'ont toujours fourni des résultats qui s'accordent complètement avec ceux qui ont été obtenus par le Dr. Muller, au sujet de la limite minimum.

Il est des cas où la méthode ci-dessus ne suffit plus; il faut alors, pour faire l'expertise, recourir à un *homme de l'art.*

III.
LE FROMAGE.

Le lait, qui ne subit pas une préparation particulière est d'une conservation difficile (15); c'est pourquoi sa transformation en fromage est d'une haute importance. Sous cette forme, nous n'avons pas seulement les matières nutritives sous un petit volume, mais aussi sous une forme très commode pour le transport et la conservation.

L'importance du fromage, comme objet d'alimentation, est universellement reconnue, non seulement parce qu'il possède en lui-même une grande puissance de nutrition, mais encore parce qu'il augmente considérablement la valeur nutritive de certains aliments très pauvres eu azote (pommes de terre, etc.), tout en activant la digestion (pain, etc.), C'est pourquoi il forme de nos jours et avec raison, dans les contrées montagneuses de la Suisse, la base de l'alimentation du peuple. Dans la plaine, le fromage est moins eu usage. Il serait pourtant à désirer que sa valeur, comme matière alimentaire, soit partout et toujours mieux appréciée.

En Suisse, la *fabrication du fromage* est très ancienne, probablement que les habitants des villages et habitations lacustres l'ont déjà connue; mais ce n'est cependant que dans le courant de notre siècle que la fabrication du fromage est devenue une des branches les plus considérables de notre *industrie* agricole. Actuellement, l'exportation du fromage a acquis une telle importance que l'on peut considérer cette branche du commerce Suisse comme contribuant puissamment à notre prospérité agricole et nationale. Il s'est exporté de Suisse, dans les dernières années, pour une valeur de 30 à 35 Millions de fr. de cette denrée. C'est dans les *établissements appelés fruiteries* ou fruitières, que se fabrique le fromage destiné au commerce.

Les fromages suisses les plus recherchés sont: les fromages d'Emmenthal, de Gruyère, Spalen, du Gessenay comme *fromages durs;* de Bellelay et vacherin, comme *fromages mous*. En outre, il y a une grande quantité de variétés de fromages qui ne sont connus ou recherchés que dans les lieux ou les cantons où ils se fabriquent.

On distingue dans les fromages: les fromages gras, les demi-gras et les fromages maigres.

1° Les *fromages gras* e fabriquent, surtout *en été,* (de mai en novembre) avec du lait non écrémé ; ainsi, dans ce fromage, le beurre est presque *complètement travaillé* avec la caséine.

2° Les *framages mi-gras* se fabriquent essentiellement avec un mélange de lait écrémé et de lait non écrémé. Dans ces fromages, on n'a pas enlevé complètement la *moitié* des matières grasses. Ces fromages se fabriquent essentiellement *en automne et au printemps.*

3° *Fromages maigres.* Ce sont des fromages, pour la fabrication desquels, on a enlevé, autant que possible, toute la graisse du lait. C'est le *produit principal* des fruiteries, pendant *l'hiver.*

Nous essaierons de donner quelques directions pour la fabrication du fromage. Il ne peut naturellement être traité ici que des procédés *en général,* des *lois fondamentales* de la fabrication du fromage et non de la *routine,* des procédés pratiques, mis en usage dans la frabrication des *différentes variétés* de fromage. Ceci ne peut être appris qu'en *fabriquant soi-même.* C'est un *métier,* celui de *fruitier,* qu'il faut apprendre avec intelligence et avec goût. Nous ne pouvons donner que les règles d'après lesquelles il faut procéder, pour être en concordance avec les *lois de la nature.* La fabrication du fromage est aussi un *art* que l'on exerce d'autant plus sûrement que les influences naturelles, sur les procédés de fabrication, sont mieux *étudiées.*

A. Fromage d'Emmenthal (gras, à pâte dure).

1. Du caillé.

Le *caseum* se ferme dans la *tétine* de la vache, il se trouve en solution dans le lait et constitue une partie importante de ce liquide. Le caseum frais est d'une belle *couleur blanche* qui, bientôt, passe au jaune ; il est mou et élastique. Le caseum desséché lentement à la température de 37° devient très dur, corné, à cassure esquilleuse et rempli de petites cavités. Pour *séparer* le caseum d'avec le liquide qui le tient en solution, on se sert de la *présure*, et la séparation doit se faire de manière que le lait caillé forme une masse *homogène, élastique,* d'une *consistance gélatineuse, sans grumeaux, ni taches, ni fentes.*

La présure se tire de l'estomac des jeunes veaux, estomac que les bouchers soignent pour cet usage et vendent sous le nom de *caillette.* On trempe un morceau de cette caillette dans l'eau ou dans la cuite, et la *liqueur de présure* que l'on obtient, se jette dans le lait à coaguler.

La membrane muqueuse (peau intérieure) de l'estomac de tous les jeunes mammifères a la singulière propriété de *faire cailler* (coaguler) immédiatement le lait. Ce phénomène est connu de toute antiquité, mais la matière qui agit, dans la présure, n'est pas encore assez connue pour qu'on puisse dire quelque chose de bien positif à son sujet.

Nous donnerons ici, à l'usage du *fruitier,* quelques règles sur la préparation de la présure.

a) PRÉPARATION ET EMPLOI DE LA PRÉSURE.

Une *matière essentielle* à la fabrication du fromage est donc la *caillette du veau.* On a souvent employé *d'autres* matières pour faire cailler le lait; mais, après d'exactes expériences, il est maintenant acquis qu'aucune autre substance ne peut remplacer l'estomac du veau d'une manière *permanente et complète.* On a employé, pour suppléer à la présure, de l'or, de l'argent, des fleurs d'artichauts, du suc de figuier, le gaillet (caille-lait, liétaz). Mais, avec des moyens pareils, la précipitation ne se fait jamais d'une manière égale et complète. Ces estomacs de veau se trouvent soit chez les bouchers, soit chez certains *marchands spéciaux* (16).

On distingue ordinairement *trois qualités* d'estomacs.

1° Les *vieux.* Sont ainsi appelés ceux qui ont un an et plus.

2° Les *moyens.* Ceux qui ont ¼ à ¾ d'an.

3° Les *frais,* qui ont au-dessous de trois mois.

Le *prix* peut varier suivant la quantité et la demande. Un *estomac* coûte de 20 à 40 cent.; de 2 fr. 70 cent. à 4 et 5 francs, la douzaine. Dans certaines contrées, comme dans la partie allemande de la Suisse, on préfère les caillettes grasses et pesantes à d'autres; ailleurs, on demande des caillettes blanches, grasses, mais petites et bien nettoyées. Le *poids* d'une caillette est, en moyenne, de 60 grammes (2 onces environ).

Ire RÈGLE. *N'employez, pour la préparation de la présure, que des estomacs de veaux sains. Il faut qu'ils aient été conservés de manière à n'avoir ni taches, ni moisissures, ni mauvaise odeur; qu'ils proviennent de veaux qui n'ont eu d'autre nourriture que le lait. Les caillettes doivent avoir été séchés et conservées soigneusement. Il ne faut guère les garder plus d'une année.*

IIe RÈGLE. *Employez, pour être plus sûr de l'effet produit, des morceaux de* DIVERS ESTOMACS, SURTOUT DANS LA FABRICATION EN GRAND.

La présure, dont on se sert jusqu'à présent dans nos fromageries, ne doit jamais être PRÉPARÉE *longtemps d'avance, car elle se gâte très vite.*

IIIe RÈGLE. *On place les fragments de caillettes que l'on veut employer dans de l'eau de fontaine (eau douce) ou dans de la cuite. On l'y laisse séjourner de 24 à 36 heures avant de s'en servir.*

Après avoir coupé et jeté les deux bouts des caillettes, ainsi que les parties grasses, on coupe des fragments à plusieurs de ces estomacs et on les subdivise encore pour les placer dans un pot de grès ou dans un verre, ce qui vaut mieux. On verse dessus, en quantité suffisante, de l'eau à la température de 24° à 28° R, ou 30° à 35° C.

A une température plus basse, la présure n'a pas assez d'énergie; à une température plus élevée, elle produit un fromage qui est sujet à multiplier (fromage mille trous).

IVe RÈGLE. *La proportion d'eau qui entre dans la formation d'une bonne présure est, en moyenne, la suivante. De* $^3/_4$ *à 1 pot d'eau pour 15 à 20 grammes ($1^1/_2$ once à 2 onces) d' estomacs bien desséchés.*

Ve RÈGLE. *La présure ainsi préparée, se conserve, dans un local dont la température est de 24° à 28° R. ou 30°*

à 35° C. Si la température s'élève de 40° à 50° C., son efficacité est compromise. A l'ébullition, le liquide PERD COMPLÈTEMENT SON EFFICACITÉ.

Dans les fruiteries, il est difficile de maintenir cette température uniforme. Ordinairement, on met la présure dans le creux du foyer, où elle est exposée à une température d'abord trop élevée et ensuite trop basse. Il vaudrait mieux placer la présure en hiver dans une chambre chauffée, près d'un poële, pour qu'elle conserve, à peu près, le même degré de chaleur.

La liqueur préparée ou présure doit toujours être dans un *rapport constant* avec la quantité de lait à faire coaguler. Si la quantité de présure est trop *petite*, le lait ne caille pas, ou ne le fait qu'imparfaitement. Si la quantité de présure est, au contraire, *trop grande*, le fromage prend un goût désagréable et manque souvent complètement.

VIe RÈGLE. *D'après de nombreuses expériences, il est prouvé qu'en moyenne, un pot ou 3 livres de présure, préparée comme il vient d'être dit, fait cailler, en quinze ou vingt minutes, de 190 à 250 pots de lait ou de 570 à 750 livres de lait.*

Cette proportion ne peut naturellemnnt pas être toujours la même; elle ne donne que des chiffres moyens qui varieront suivant la qualité du lait (gras ou maigre) et l'état de la température de l'air. Il faut que le fruitier tienne compte de toutes les circonstances qui peuvent se présenter. Il ne pourra procéder sûrement qu'après de nombreuses expériences et une étude approfondie de tous les phénomènes qui peuvent accompagner les transformations du lait.

Vu la grande valeur qu'a une quantité de lait considérable, on ne peut pas abandonner au hasard l'effet de la présure. Il faut *éprouver* le liquide avant de l'employer.

VIIe RÈGLE. *L'examen de la présure doit se faire en petit, dans les mêmes proportions qu'en grand, c'est-à-dire dans la proportion de 1 de présure pour 250 de lait.*

Celui qui ne veut pas acheter l'instrument employé pour éprouver la présure, fera bien de mesurer, dans une éprou-

vette en verre, la hauteur de 250 cuillerées à soupe d'eau.
Il remplira alors de lait son verre jusqu'à la marque qu'il
aura faite, y versera *une cuillerée* de présure et observera
le temps qu'il faut pour que le lait soit convenablement
caillé. Si le temps employé pour la coagulation est trop
long ou que le lait ne se caille pas du tout, il faudra
augmenter la quantité de présure.

Le jeune homme qui veut devenir fruitier *distingué*
doit observer minutieusement ces règles et bientôt il aura
acquis la connaissance parfaite de la juste manipulation
de la présure.

Au lieu de préparer chaque jour la présure, on peut se
servir de *présures artificielles* (extraits de présures), qui
caillent le lait dans un temps voulu (25, 30, 40 minutes),
à une temperature donnée (30, 35° C.) d'une manière égale
et parfaite. Ces liqueurs sont un peu chères, mais on
obtient une plus grande quantité de fromage.

b) EFFETS DE LA PRÉSURE.

Après avoir fait connaissance avec la liqueur qui porte le
nom de *présure*, nous allons maintenant commenter le phénomène de la coagulation du lait.

En première ligne, nous avons à considérer ici quelle est
la qualité où l'état du lait que nous avons à faire coaguler.
Pour le lait *chaud*, qui vient *d'une* traite, et pour le lait
maigre (écrémé), la chose est très simple, puisque nous
avons un liquide *homogène*, chaud ou froid, qu'il nous faut
élever à un degré déterminé de chaleur. La chose est plus
difficile, dans la *fabrication du fromage gras*, si nous avons
le lait de deux traites: le lait frais et chaud et le lait qui
s'est reposé 12 heures, et qu'il s'agit de travailler *ensemble*.
Le lait du soir se place dans de larges baquets pour être
écrémé le lendemain. La crème que l'on obtient de cette
opération se place, avec un peu d'eau, dans la chaudière et
l'on chauffe jusqu'à 60 à 70° R., soit 75 à 87 1/2° cent. Cette
opération sert à transformer la crème en un liquide homo-

gène (fusion de la crême). Cela fait, on verse le lait du matin dans la chaudière et ensuite le lait écrémé du soir.

Il faut vouer la *plus grande attention au degré de chaleur nécessaire* à l'opération de la coagulation du lait. Il ne suffit pas de prendre la chaleur du liquide au moyen de la main ou du coude comme le font encore quelques fruitiers. Il faut employer, pour cela, le *thermomètre*, et afin que la chaleur reste plus constante et que le lait se caille plus uniformément dans toutes les couches du liquide, il faut couvrir la chaudière *d'un couvercle de bois*, percé d'une ouverture de six pouces de diamètre, ouverture qui peut s'ouvrir ou se fermer à volonté. C'est par cette ouverture qu'on examine, de temps en temps, ce qui se passe dans l'intérieur de la chaudière.

Le degré de chaleur convenable pour recevoir la présure est de 26° à 28° R., ou de 32 1/2 à 35° eent Pour le lait très substantiel et très gras de vaches bien nourries, il faut élever la température du liquide de 1/2 à 1° de plus. Pour le lait maigre, il faut, au contraire, l'abaisser de la même quantité. Comme en été le refroidissement s'opère plus lentement qu'en hiver, il n'est pas nécessaire d'élever si haut le degré de chaleur. Aux soins du fruitier d'étudier ces légères différences.

Quant à la *quantité* de la présure, nous en avons indiqué plus haut la moyenne nécessaire.

Sur ce point, comme sur ceux énoncés précédemment, il incombe, au fruitier intelligent, *d'observer* exactement toutes les circonstances qui accompagnent les phénomènes de la coagulation du lait: différences de saisons, de température journalière, d'alimentation, &c., rien ne doit lui échapper.

Pour la marche régulière de la fabrication, il est bon d'examiner le lait, tous les jours, avec le lactodensimètre. Il arrive souvent en été. par un temps pluvieux, que le lait, sans être falsifié, ne va pas jusqu'à 29 ou 1029, qu'il contient par conséquent plus d'eau que le lait qui provient de fourrages secs. C'est une circonstance dont il faut tenir compte. Le lait se caille souvent très vivement; ce phénomène est accompagné d'un bourdonnement, surtout quand le lait est défectueux et il se forme sous l'écrémoire des trous de la grosseur d'un pois : avis au fruitier de bien prêter attention.

La marche de l'opération peut être considérée comme *bonne* quand, au bout de 15 à 40 minutes, le caillé (coagulum) forme une masse *homogène*, d'une consistance *gélatineuse* et que l'écrémoire laisse, sur cette masse, son empreinte en creux.

La masse telle qu'elle se présente alors porte divers noms suivant les contrées : „Matte, caillé, &c.“

2. Manipulation du caseum, ou caillé.

Ce travail n'exige pas moins *d'attention et de soins* que l'opération de la coagulation, et il ne peut s'apprendre que par une longue et studieuse pratique. Nous ne donnerons donc que la description du *procédé en général*.

On commence d'abord par découper le caillé, mais d'une manière très lente et très régulière; souvent avec un grand couteau ou sabre de bois qui va jusqu'au fond de la chaudière; puis, avec l'écrémoire, on renverse *avec prudence* chacun de ces fragments, de telle sorte que toute la masse ait été retournée, dans la chaudière, sens dessus dessous. S'il y a un petit dépôt, on a soin de l'enlever. Maintenant, on travaille *lentement*, avec le brassoir, toute la masse ainsi déplacée; si l'on remue trop vite, il se forme de tout petits flocons qui restent dans le petit-lait et le troublent, preuve que le travail a été défectueux. Ce travail doit être continué jusqu'à ce que tout le caillé soit divisé en particules de la grosseur d'un pois; on laisse ensuite la masse se reposer, pendant environ dix minutes. On rallume un feu vif, et on recommence le mouvement giratoire jusqu'à ce que l'intérieur de la chaudière ait acquis une température de 44° à 48° R., soit 55° à 60° C. On ôte alors la chaudière de dessus le feu et on continue ainsi l'opération, *en remuant* continuellement, jusqu'à ce que les grumeaux aient acquis l'élasticité et la cohérence qui leur convient. Pour le fruitier, l'arrivée à point, est une affaire d'expérience et de tact.

Ce moment est-il venu, après 40 à 60 minutes, on donne alors un mouvement très rapide aux matières solides et liquides, de manière à former, au milieu de la chaudière, une cavité en forme d'entonnoir, puis on laisse reposer pour que les grumeaux de caillé se précipitent peu à peu, en une seule masse, au fond de la chaudière. Le caillé doit être mené jusqu'à ce qu'il ait acquis une consistance telle qu'en prenant un peu de pâte dans la chaudière et serrant, les grumeaux se séparent d'eux-mêmes lorsqu'on rouvre la main. Si les grumeaux son trop tendres, quand on les chauffe pour la seconde fois, ils se durcissent trop rapidement à la surface et ils retiennent, dans leur intérieur, du petit-lait qui ne sort plus sous la pression. En mûrissant, le fromage se remplit alors d'une multitude de *petits trous* (fromage *multiplié* ou *fromage mille trous*) et il n'a plus de valeur pour le commerce.

Si le lait a été trop chauffé, pendant la coagulation ou si l'on a mis trop de présure, les grumeaux du caillé deviennent trop fermes *avant* le second chauffage et par conséquent trop durs *pendant* cette dernière opération. La pièce finie ne prend que difficilement son jus ou ne met même point d'yeux. L'on obtient alors du *fromage sans trous*.

Les jeunes fruitiers inexpérimentés ont la tendance de hâter la marche de la manipulation. Ce défaut fait un tort considérable à la qualité du fromage et à sa saveur; ils ne devraient pas oublier que c'est surtout, dans la fabrication du fromage, que le proverbe: „Hâte-toi lentement,“ trouve son application.

Quoique nous ne puissions indiquer ici toutes les mesures de précaution à prendre pour la fabrication du fromage, puisque c'est une affaire *d'expérience*, d'observation et de tact, nous voulons pourtant attirer l'attention du fruitier sur une règle immuable, dans sa fabrication :

RÈGLE. *Plus la température est élevée pendant qu'on remue la masse du fromage, plus il sera ferme et de conserve, mais aussi plus de temps il lui faudra pour mûrir. Moins la température sera élevée, plus le fromage sera tendre, moins il sera de garde et moins de temps il lui faudra pour mûrir.*

De là, naît essentiellement la différence qu'il y a entre fromages *mous* et fromages *durs*.

Il y a des fromages pour lesquels, le lait une fois caillé, ne se remet plus sur le feu. Ce sont les petits fromages de lait de vaches ou de chèvres qui portent les noms de vacherins, tommes de chèvres, &c. Ces fromages, qui coulent facilement, se mangent, comme friandise, en France et dans quelques parties de la Suisse française (Vaud et Fribourg).

Pour la fabrication des fromages *maigres*, le travail est, en général, le même, seulement la chaleur doit être *moins élevée* et les mesures de précaution plus grandes encore, lorsqu'on veut obtenir de la bonne marchandise.

Pour sortir le caillé, qui est réuni en une masse au fond de la chaudière, on prend une toile à fromage *par un de ses bords* que l'on enroule autour d'une baguette de bois ou de fer repliée en demi cercle; passe ensuite cette baguette recourbée, que l'on tient par les deux bouts, tout le long du fond de la chaudière, et l'on enveloppe ainsi la matte pour la tirer dehors et la placer dans la forme, avec la toile qui l'accompagne. Ce qui reste de grumeaux, dans la chaudière, se pêche ensuite avec une autre toile.

Dans les grandes fruiteries, on facilite au fruitier le transport de la matte, emprisonnée dans la toile à fromage, en fixant une poulie au plafond, entre la chaudière et la presse. On croche la toile pleine (pesant souvent 2 à 3 quintaux) par ses quatre coins, à la corde de la poulie et on la transporte alors, sans grande peine, sur le lit de la presse, où elle est ensuite enveloppée de sa forme.

3. Pression & dessication.

Jusqu'à présent, on a souvent négligé la pression du fromage; de nos jours, il ne suffit plus de mettre la première grosse pierre venue, sur le foncet du fromage, ou si c'est une presse à levier, un poids *quelconque* à l'extrémité de *l'arbre* de pression et de la *même manière* pour *toutes les pièces*, grandes ou petites. La *fermentation* que doit subir le fromage, pour qu'il soit beau et savoureux, exige toujours, comme pour toute autre fermentation, un certain degré *d'humidité ;* mais si on *dépasse* le degré nécessaire, c'est-à-dire, s'il reste trop de lait dans la pièce, la fermentation se fait alors trop rapidement, les yeux deviennent trop *gros* et le fromage prend souvent un mauvais goût de suif; si, au contraire, l'on presse *trop*, s'il n'y a pas assez d'humidité, la fermentation se fait alors trop lentement, le fromage ne travaille pas et reste mort. Cette espèce de fromage non fermenté et sans yeux porte le nom de *fromage sans trous.*

Dans certaines fruiteries, on a souvent fait de tristes et coûteuses expériences à ce sujet. Nous n'en citerons qu'un seul exemple. Dans une grande fruiterie, on eut, pendant tout un été, *un* fromage gonflé sur deux. Malgré les recherches les plus minutieuses, on ne put, pendant des mois entiers, parvenir à en découvrir la cause. Chacun peut s'imaginer le chagrin et le désappointement qu'éprouvèrent les sociétaires et les fournisseurs, de voir que la moitié de leurs plus belles pièces étaient manquées et devaient être considérées, par les acheteurs, comme des pièces de rebut. On consulta fruitiers, vétérinaires, experts, &c., sans pouvoir découvrir la vraie cause d'un fait aussi étrange.

Ce fut en automne seulement que l'on trouva le mot de l'énigme. Comme cela se fait souvent dans les grandes fruiteries, on se servait de *deux presses*, dont l'une ÉTAIT TROP PEU CHARGÉE. Tous les fromages, qui avaient été pressés sous cette dernière, étaient manqués; le petit-lait n'étant pas sorti en quantité suffisante, il s'était établi, au bout de quelques jours, une fermentation trop violente qui avait fait gonfler outre mesure.

C'est ensuite de nombreux essais que nous avons trouvé et que nous recommandons les chiffres indiqués, dans le chapitre de la presse (page 12). Ainsi, pour 1 livre de fromage, il faut une pression de 15 à 20 livres, en moyenne 18.

Pour bien établir la pression nécessaire à chaque fromage, il faut pouvoir, chaque jour, régulariser la pression, ce qui n'est possible qu'au moyen de presses à *poids mobile*. Le fruitier sait assez bien, par la quantité de lait travaillée, quel sera le poids du fromage qui en proviendra. Après avoir calculé la force nécessaire pour comprimer le fromage qui va être fabriqué, il glisse, *peu à peu*, le poids mobile sur le chiffre qui indique la pression exigée. Pour que le poids ne puisse redescendre, on a placé, dans ce poids, une vis qui sert à le fixer.

Nous avons quitté le caillé au moment où il a été transporté, comme une masse informe, de la chaudière, sur la base de la presse. On serre maintenant la forme de telle sorte que le caillé, bien arrangé dans la toile à fromage, en dépasse un peu le bord (il faut bien faire attention que la toile ne fasse pas de mauvais plis); on place le foncet, la traverse de la presse et on commence la pression. Nous devons encore avertir les fruitiers qu'il faut bien se garder de donner, en *une seule fois*, toute la pression nécessaire, surtout quand le fromage *est chaud*, car il deviendrait dur et perdrait beaucoup de graisse.

Pendant le jour, où la pièce se fabrique, il faut avoir soin de la retourner cinq ou six fois, de l'envelopper chaque fois de nouvelles toiles sèches et, au besoin, de rétrécir davantage la forme. Par économie ou par paresse, on néglige souvent cette précaution. Naturellement, quand on n'a qu'une ou deux toiles à fromage, dans une fruiterie, on a vite changé! Les toiles sèches font l'office d'éponge; elles absorbent le trop de petit-lait et donnent au fromage une belle forme. Le fromage reste sous la presse jusqu'au lendemain, où il quitte sa forme pour faire place à une nouvelle pièce. On le transporte alors sur la table à fromage pour être salé. Il est nécessaire de ranger, avec un couteau ou un petit rabot, les arêtes du fromage, quand elles sont trop vives ou irrégulières.

4. Salage & affinage.

La réussite d'une bonne marchandise dépend essentiellement des connaissances et des soins consciencieux du fruitier, dans chacune des opérations énumérées ; cependant,
il faut encore que la *salaison* soit bien faite pour obtenir un
fromage parfaitement réussi. Un fromage *bien fait* peut être
gâté par une mauvaise cave et un traitement inintelligent;
au contraire, un fromage d'une qualité inférieure ou dont
la fabrication laisse à désirer, peut acquérir, au moins, une
qualité passable, quand le fromager sait le gouverner, dans
un local bien approprié. Dans les grandes fruiteries, on a
ordinairement, au niveau de la fromagerie, un *grand magasin à fromage* et, sous terre, *une cave* voûtée, de manière
à pouvoir transporter, au besoin, les fromages *d'un local
dans l'autre*. Il faut que ces deux locaux et les étagères
qu'ils contiennent soient élevés, afin d'obtenir dans le même
local des couches d'air, de nature physique différente, *l'une*
près du sol, où l'air est plus frais et plus sec, et l'autre
dans une région supérieure, où l'air est plus chaud et plus
humide. On peut, de cette manière, exposer le fromage,
dans le *même* espace, à des influences *différentes*. Les
données des sens étant inconstantes, il faut, dans chacun
des locaux, un *thermomètre* placé à une hauteur moyenne,
de manière à pouvoir juger impartialement de la température de l'espace où se trouvent les fromages. Ces locaux
doivent pouvoir être chauffés, pour maintenir, été comme
hiver, les fromages à une température constante. Il ne doit
jamais geler dans un local à fromage, car le froid endurcit
la croûte, la rend grisâtre, rude et nuit à la fermentation,
d'où dépend la réussite du salage. La *température nécessaire* d'un local pareil doit être
pour la première époque de la fermentation de 15 à 17,5° C.
  „ „ seconde   „   „ „   „   „ 12,5 à 15° C.
  „ „ dernière   „   „ „   „   „ 10 à 12,5° C.
(pour les fromages mûrs.)
Il est important de pouvoir *aérer à volonté*, quand c'est
nécessaire, les espaces où se trouve le fromage. Cela se

fait au moyen de soupiraux qui peuvent au besoin se fermer *hermétiquement*, car souvent une seule bise froide ou un föhn peuvent gâter complètement tout un magasin de fromages. Un courant d'air froid est nécessaire en été, lorsque les fromages menacent d'une fermentation trop vive (gonfler). L'influence de la cave sur la pâte du fromage et sur sa qualité est très grande. Un fromage, par exemple, qui aurait la disposition de gonfler, peut être ramené à l'état normal dans un endroit plus frais; il devra, par conséquent, être descendu sur les étagères inférieures de la cave; au contraire, un fromage dont le caillé aurait été trop chauffé ou qui aurait été trop pressé, peut être ramené, en le plaçant dans un endroit chaud et humide. Très souvent, les caves sont fort mal conditionnées : ou elles ont trop d'air, trop de courants ou trop de chaleur. Il y a quelquefois moyen de remédier à ces inconvénients, soit par l'établissement de courants d'air, de soupiraux, de contrevents, de sciure, &c. Mais quand les défauts d'une cave reposent sur des vices de construction, il faut alors remédier à ce grave état de choses par la construction d'un nouveau local. Ainsi, il faut éviter avec le plus grand soin, tout changement brusque de température, dans les caves à fromage.

Le fromage, après avoir été sorti de presse et placé dans la cave, reste souvent deux à trois jours sans être salé; d'autres fois, on le sale immédiatement et on le porte à sa place (Gruyère). — Nous observerons de nouveau que, pour éviter les inconvénients que présentent les caves et les étagères élevées, lorsqu'on a de grosses pièces à manier, on se sert d'une table à saler, *mobile* et à deux étages, de manière à n'avoir pas à descendre les fromages d'aussi haut pour leur faire subir l'opération du salage, et à les porter aussi loin, comme cela arrive quand la table est *fixe* au milieu de la cave. La table, qui va sur des roulettes, peut facilement être transportée d'un lieu à un autre.

Il y a à observer la plus grande *propreté* dans la manutention des fromages, où qu'ils se trouvent, mais surtout dans la cave. Une marchandise bonne et ragoûtante ne doit point avoir de taches, point de moisissures, point de fentes, ni de crevasses, &c. C'est pourquoi, que l'on sale des pièces sèches ou humides, il faut bien les frotter, bien les nettoyer pour en éloigner toutes les saletés. Nous ne saurions trop le répéter: de la propreté et des soins avant tout. On ne pèche que trop souvent contre ces règles, et beaucoup de bons fromages se perdent ainsi, surtout dans les parties montagneuses de notre pays.

Il faut d'abord saler les fromages tous les jours: puis, pendant plusieurs mois de suite, tous les deux jours, et, plus tard, suivant les besoins de la pièce pendant quelques mois, deux ou trois fois par semaine, jusqu'à ce qu'elle rejette le sel. Plus les pièces sont grosses et épaisses, plus il faut saler *longtemps*. Cette opération dure souvent *une année* et plus. On peut s'assurer de l'état de la pâte de chaque pièce au moyen de la *sonde*. Il faut saler et nettoyer les fromages *maigres* avec autant de soins que les fromages *gras*. On les néglige ordinairement, ce qui explique le petit nombre de bons fromages maigres que l'on rencontre dans le commerce. Comme les pièces de maigre sont en général plus petites que les autres, elles sont aussi beaucoup plus vite mûres.

Pour ce qui est de la *quantité* de sel à employer, on n'a jusqu'ici, pour notre pays, aucune donnée exacte se basant sur de nombreuses expériences; en moyenne, on peut compter de 4 à 5 livres de sel, pour un quintal de fromage. Des recherches consciencieuses sur ce sujet seraient bien à désirer.

5. La fermentation.

Qu'arrive-t-il au fromage, placé en cave, pendant la salaison? Voilà un problème qui n'a pas encore été résolu, pas même approximativement.

Il est certain pourtant:

1° Que le fromage subit une *fermentation*, et qu'ensuite de ce phénomène,

4

2° le fromage prend une *saveur particulière*, avec des nuances de goût infinies.

Il est connu de chacun que la pâte fraîche du fromage, tel qu'il sort de presse, est toujours *insipide ;* c'est seulement au bout de quelque temps que le fromage acquiert sa saveur et son odeur particulière; on dit alors que „le fromage mûrit". Le fromage contient toutes les substances du lait qui a servi à le former, mais dans des proportions tout à fait modifiées par la fermentation, qui exige une surveillance particulière, puisqu'il se trouve dans le fromage, plusieurs matières *hétérogènes* (de constitution chimique différente), qui subissent une modification (sucre de lait, caseum); ainsi, les procédés de fermentation du fromage sont des plus *compliqués.*

La fermentation est provoquée par la présure et consisté dans une décomposition chimique de matières composées, en matières de constitution moléculaire beaucoup plus simple. Voici quelles sont les conditions nécessaires à une bonne fermentation du fromage.

1° *Une certaine quantité d'eau.* C'est pourquoi un fromage trop pressé ou trop chauffé ne fermente pas régulièrement, et les yeux, qui jouent un si grand rôle dans l'appréciation du fromage, ne se forment pas. Pour cette raison déjà, il est de la dernière importance de faire bien attention à la manière dont on chauffe et presse le fromage.

2° *Une certaine température.* Dans une cave *trop froide,* la fermentation ne se fait *pas du tout,* et dans une cave *trop chaude* elle se fait *trop rapidement.* C'est pourquoi nous avons insisté avec force pour que *tous les locaux* soient pourvus de thermomètres.

3° Le *sel* préserve le fromage de la putréfaction, il régularise la fermentation et l'arrête dans les limites déterminées. Le fromage non salé se décompose beaucoup plus vite que le fromage salé.

Dans les contrées septentrionales de l'Europe (Suède et Danemark), on sale le fromage *dès qu'il est fait* (18). On divise le caseum, dont on a déjà exprimé le petit-lait au moyen *d'un moulin à caillé*, on le mélange ensuite intimément avec la quantité de sel convenable et on le presse une *seconde fois*. Dans la cave, ces fromages ne sont plus salés. La fermentation se fait, par ce procédé, beaucoup *plus régulièrement et plus rapidement* (19), de sorte que la marchandise peut déjà être livrée au commerce au bout de deux ou trois mois. Il y a donc, pour ces fabricants, épargne d'argent et de temps.

Il est nécessaire que le fruitier fasse bien attention aux trois points indiqués ci-dessus, s'il veut fabriquer un fromage d'une saveur et d'une odeur agréable; il aura surtout soin de faire marcher sa fermentation d'une manière *lente et régulière* (sel et chaleur) après avoir eu, en premier lieu, bien soin que l'action de la presse ait laissé subsister l'humidité *nécessaire* (*ni trop, ni trop peu*).

Pendant tout le temps de la maturation, il se forme, par le développement de gaz, des *trous nombreux, appelés yeux*. La présence de ces trous dans la pâte du fromage est d'une grande importance pour le commerce. La formation de ces trous et leur forme dépendent des procédés de fabrication, de la manière dont on a divisé le caillé dans la chaudière, du degré de pression, &c.

Sous ce rapport, un Manuel pour les fruitiers, qui a paru en 1810, dit déjà: „Plus on divise le caillé en parties menues avec le brassoir, mieux on peut le presser dans la chaudière et moins le fromage a de trous. Si l'on divise, au contraire, le caillé seulement en grands grumeaux, on ne peut comprimer ces parties solides et l'on obtient des trous nombreux.“

Un *fromage d'Emmenthal* qui a bien réussi doit, lorsqu'il est mûr, posséder les qualités suivantes:

1° Il doit présenter une *pâte* unie, de couleur jaune-clair, sans déchirures, ni crevasses, et des trous de 2 à 2 ½ lignes;

2° *L'intérieur des yeux* doit être humide, brillant et contenir un peu d'eau salée;

3° Le *fromage ne* doit *pas être dur* et *friable*, il doit se fondre à la bouche.

4° Il doit avoir une *saveur fine*, un peu douce, *piquante* et laisser une impression de gras.

Le bon fromage maigre a plus d'yeux, et ils sont plus petits. La pâte de cette qualité est plus cassante, plus dure.

B. Fromage de Gruyère

(Gras ou mi-gras, à pâte dure).

La Gruyère étant un pays essentiellement montagneux, c'est dans cette contrée qu'a été inventée la fabrication du Gruyère proprement dit; cette fabrication s'est répandue de là dans la plaine fribourgeoise, a gagné ensuite le canton de Vaud, la Savoie, la France orientale et d'autres contrées.

La fabrication de cette espèce de fromage diffère de celle du fromage d'Emmenthal; le fromage de Gruyère n'est pas un fromage tout gras, le lait du soir fourni à la fruiterie est écrémé le lendemain et mêlé avec la traite chaude du matin. Puisque la crème ne monte pas complètement pendant deux heures, le produit en fromage de ce mélange, n'est pas demi, mais bien aux deux tiers gras. Il est naturel que la chambre à lait influe beaucoup à cet égard sur la qualité du fromage et qu'une laiterie bien disposée, bien froide, tire au fromage plus de graisse qu'une laiterie qui, par sa construction, est plus chaude. Le fruitier doit tenir compte de ces circonstances et surtout bien faire attention aux changements de température extérieure qui peuvent survenir dans les mois d'Août, de Septembre et d'Octobre.

Pour fabriquer le Gruyère, il faut que le lait du matin soit chauffé dans la chaudière à une température de 34° à 35° R (42$^1/_2$° C à 43$^3/_4$° C), avant d'y ajouter la traite froide du soir précédent; la température moyenne du mélange sera justement celle voulue pour la mise en pré-

sure, c'est-à-dire de 26° à 27° R (32$^1/_2$° C à 33$^3/_4$° C).
Dans les autres fruiteries, on n'échauffe le lait qu'après
avoir fait le mélange de la traite froide du soir avec la
chaude du matin. Il est vrai de dire que le fruitier est
plus sûr d'obtenir exactement le degré de chaleur nécessaire pour faire cailler le lait, en employant la dernière
méthode. Mais chauffant une plus grande quantité de lait,
il brûle aussi une plus grande quantité de bois que le
fruitier, qui travaille d'après la première méthode, quand
même celui-ci chauffe la moitié de son lait à un degré
supérieur. Le Gruyéren n'aime pas la présure forte; pour
faire l'épreuve de sa force, avant de l'ajouter au lait, il en
prend 1 cuillerée sur 3 cuillerées de lait et il faut que le
lait soit caillé entre 60 et 80 secondes. La faiblesse de la
présure Gruyérenne provient de son mode de préparation;
la température de l'endroit dans lequel sont placés les
pots contenant la cuite avec les fragments de caillette ne
dépasse guère 12° à 15° R (15° C. à 17°). Le fruitier a 3
pots pour la fabrication de sa présure et il y procède de
la manière suivante: Le premier jour, la cuite pure,
refroidie au degré convenable (15° à 20° R. soit 17° à 25° C.)
est mise avec une certaine quantité d'estomac de veau,
dans un vase fait exprès; on prend environ 10 à 13 grammes de fragments de caillettes sur $^1/_2$ pot de cuite pour
une quantite de lait à travailler de 250 pots; le jour après,
la présure du premier pot est „bouillie", c'est-à-dire que
le fruitier met autant de cuite bouillante qu'il y en a de
froide dans le vase et c'est le jour suivant seulement
qu'on se sert du liquide pour la fabrication du fromage:
le reste se met de côté pour en ajouter, le lendemain,
à la présure qui doit être employée, au cas que celle-ci
serait trop faible. Dans certaines fruiteries, on fait bouillir
deux fois la présure, ce n'est alors qu'au bout de trois
jours qu'elle trouve son application. Il est naturel que
d'après cette manière de préparer la présure, le réactif soit
bien faible; néanmoins, le fruitier caille son lait dans 35
à 40 minutes, en employant de ce liquide une plus grande

quantité; en général, sur 35 pots de lait, on a besoin d'un quart de pot de présure (proportion de 1:140). Pour commencer à diviser le caillé, on trouve suivant les contrées et le goût particulier du fromager, diverses méthodes. Pendant que l'un découpe en rond le caillé aver un sabre mince de bois, pour tourner ensuite, avec la poche, le contenu de la chaudière sens dessus dessous, l'autre, après avoir coupé avec la poche la surface de son caillé en tranches verticales, plonge son bras, armé de la même poche, jusqu'au fond de la chaudière et, en remuant lentement le caillé, il le divise en morceaux de la grosseur d'une pomme. C'est après cette opération préalable que les fromagers commencent à travailler le caillé avec le brassoir. Cet outil est simplement un bâton de la longueur de 4 ou 5 pieds et traversé, à la distance d'un pied d'une de ses extrémités, de chevilles de bois. Le travail de division du caillé en fragments de la grosseur voulue, dure, suivant les circonstances, de 10 à 15 minutes. On procède alors de suite à la cuisson, sans laisser reposer le fromage; cette dernière manipulation n'a lieu que quand la chaudière est trop remplie ou que le fruitier veut puiser une partie du petit lait, afin de pouvoir mieux manier son brassoir. Quant aux degrés de chaleur à prendre pour la cuisson, ils peuvent varier suivant les propriétés des locaux dans lesquels le fromage doit atteindre sa maturité, suivant les qualités du lait, la grosseur de la pièce de fromage et diverses circonstances dépendant de la fabrication même. Nous pouvons dire, en général, que la température à prendre, pour la fabrication des pièces de grandeur ordinaire, est de 42° à 46° R. (52 $\frac{1}{2}$° à 55 Centigrades). Les foyers des fruiteries de la Gruyère sont encore construits d'après le vieux système, sans courant d'air froid et, par places encore, sans manteau enveloppant la chaudière. Il est évident que, par cet arrangement défectueux, on perd beaucoup de bois et le fruitier a l'inconvénient d'être obligé de travailler dans une fumée suffocante. Après *l'échauffement*, le fruitier continue à brasser,

d'un mouvement régulier, ni trop fort ni trop lent, jusqu'au moment où la pâte est assez séchée pour qu'on
puisse la sortir de la chaudière. Le fruitier reconnaît que
ce moment est arrivé, en pressant une poignée de fromage
contre le bord de la chaudière; si ce petit gâteau se fend
facilement, si, en général, les grumeaux semblent secs,
l'ouvrier donne quelques coups vifs avec son brassoir, pour
réunir toute la masse du fromage au milieu du fond de
la chaudière Après dix minutes de repos, le fromage est
sorti de la chaudière, comme le fromage d'Emmenthal
avec une toile très longue et large, qu'on passe par dessous
la masse du fromage, au moyen d'un cercle de bois ou
de fer. Une fois dans sa forme, le fromage est soumis,
pendant 24 heures, à une pression uniforme, augmentant
plutôt un peu vers la fin de l'opération. Les formes à
fromage, pour la fabrication du Gruyère, ressemblent
beaucoup à celles que l'on emploie dans l'Emmenthal; ces
dernières sont seulement un peu plus évasées et donnent
au talon du fromage une façon de rebords bien renflés.

La salaison du fromage de Gruyère a lieu dans des
caves et non, comme dans l'Emmenthal, dans des greniers
ou magasins à fromage. Les pièces ne dépassant guère
de 70 à 80 livres, le fruitier n'a pas besoin, pour les
tourner, de couvercles à fromage ni d'une table particulière, dans la cave, pour saler et laver les fromages,
on les retourne sur place et pour répandre régulièrement
le sel dissout, on se sert d'un chiffon de laine. Les pièces
sont retournées, pendant le premier mois, tous les jours,
plus tard, tous les deux jours. Après 4 à 6 mois de soins
journaliers, les fromages sont mûrs et peuvent être livrés
au commerce. La plus grande consommation des fromages
mi-gras se fait en Italie, dans le Piémont proprement
dit; les gras, avec belle ouverture vont en France et
quelque peu en Amérique. Un fromage de Gruyère de
bonne qualité a une pâte douce, fine, peu ouverte.

Le petit-lait, ou lait de fromage.

Retournons à la chaudière de laquelle nous avons sorti le fromage; le liquide qui y est resté, de couleur jaune-vert, est appelé ordinairement *petit-lait* ou *lait de fromage.* Ce liquide est une boisson saine et agréable qu'emploient, comme aliment, en mélange avec du lait ordinaire, ou du lait de beurre (lait battu, batisse, babeurre), les habitants des contrées mantagneuses de la Suisse. Un bon fruitier voit immédiatement, à la couleur du lait de fromage, si la séparation du caseum s'est opérée d'une *manière normale.* Si le petit-lait est *blanc* ou *trouble,* on peut être convaincu qu'il s'est commis des fautes dans la manipulation et que le liquide renferme encore, en abondance, du beurre et du fromage.

Le petit-lait normal contient encore: 1° Des *matières grasses* (crème de petit-lait, grasseïon); 2° *L'albumine* (séré, seret ou ziger); 3° Le *sucre de lait;* 4° Les *sels.* Nous nous occuperons plus tard de l'obtention des trois premiers.

Le rendement du lait, en fromage.

La *quantité* de fromage, obtenu d'une quantité donnée de lait, démontre le bon fruitier. Il va sans dire que le rendement doit varier suivant la qualité du lait, le mode d'alimentation des vaches, le chauffage et le présurage. On ne peut donc indiquer ici que des *moyennes générales,* tout en exprimant le désir qu'on fasse, avec exactitude, de nombreuses expériences pour examiner les chiffres donnés ci-dessous et pour mieux préciser, dorénavant, le rendement en général (20).

100 livres de lait pur (33 $\frac{1}{3}$ pots) donnent de 8 à 11 livres de *fromage gras.*

100 livres de lait écrémé donnent de 5 à 6 livres de *fromage maigre.*

100 livres de lait battu, ou lait de beurre, donnent de 6 à 6 $\frac{1}{2}$ livres de fromage maigre.

C. Fabrication du Vacherin.

C'est dans le canton de Fribourg qu'a été inventé le vacherin suisse si réputé dans toutes les parties de la Suisse française. On dislingue deux espèces de vacherin : 1° le vacherin à la main qui se consomme cru, 2° le vacherin à fondue.

1° Le vacherin à la main.

Le lait qui sert à la fabrication du vacherin à la main ne doit pas être écrémé, quelquefois les fruitiers l'écrèment, mais il vaut mieux ne pas le faire; il doit être chauffé à une température peu supérieure à celle du lait que l'on vient de traire (38° à 40° C): on le fait ensuite cailler comme pour la fabrication du fromage de Gruyère, le caillé bien pris se divise seulement avec la poche jusqu'à ce qu'il soit bien brisé (expression technique), puis on le laisse reposer au moins pendant une heure. Pour continuer l'opération, il faut sortir le caillé avec la poche percée, après avoir *retiré tout le petit lait* qui se trouve au dessus, le placer dans le moule et le laisser égoutter pendant un quart d'heure au moins, charger de toile et le presser légèrement. C'est ici que les toiles propres et bien séchées remplissent des fonctions importantes, aussi faut-il changer de toile quatre fois dans la journée pour bien égoutter et absorber complètement le petit lait. Le lendemain on y passe la sangle * et le pose sur un linge bien propre. Il est bien important de changer de linge tous les deux jours, en tournant le vacherin.

2° Vacherin à fondues.

Les procédés de fabrication pour le vacherin à fondues sont à peu près les mêmes, seulement comme ce vacherin

---

* La Sangle est le moule du vacherin, elle se coupe au fur et à mesure qu'on le débite; elle est faite de la seconde écorce du sapin, du bouleau ou du saule marceau. Les sangles d'écorce de sapin doivent être préférées à cause du peu de goût qu'uelles donnent au vacherin.

doit être gardé plus longtemps, il faut chauffer le lait un peu plus, brasser davantage et laisser le caillé brisé un quart d'heure de plus dans le petit-lait. La fabrication se continue ensuite, comme nous venons de le détailler ci-dessus.

IV.

DU BEURRE.

On se plaint beaucoup, en Suisse, de la *mauvaise qualité* du beurre. Effectivement, il paraît souvent, sur nos tables, un beurre sans saveur, de mauvais goût, un beurre sale et rempli de crasse. Un *beurre fin et savoureux*, semblable à celui que l'on consomme en France, en Hollande, dans le Holstein, en Danemark ou en Suède est rare en Suisse. Et, cependant, la matière nécessaire, le bon lait, ne nous manque certes pas, mais ce qui nous manque, c'est la *volonté nécessaire pour le traitement rationnel des matières premières* que nous possédons. La manipulation du lait, pour la fabrication du beurre, demande des *connaissances* que l'on ne veut pas se donner la peine d'acquérir, de la *bonne volonté* et une grande *attention*. Ceux qui *doutent* de se que nous avançons, peuvent s'en convaincre en comparant les prix des beurres *étrangers* avec ceux de *notre pays*. Une maison de commerce nous écrit p. e., après avoir essayé de faire paraître le beurre suisse sur les marchés de Paris: „La plus grande partie du beurre vendu sur les marchés „de Paris est du beurre frais, doux et non du beurre salé „comme celui de l'Allemagne du Nord, de la Suède et du „Danemark. A Paris, le beurre suisse se trouve en concur-„rence avec le beurre de Bretagne et de Normandie, qui „fournissent, toutes les deux, un excellent produit connu „sous le nom de beurre d'Isigny, lequel est *bien supérieur, en*

„*fraîcheur et en goût*, au beurre suisse; en second rang vient
„le beurre de Gournay, *et enfin en* 3me *rang* se présente
„le beurre suisse. La différence de prix entre le beurre
„suisse et le beurre d'Isigny et de 20, 30 et 40 fr. par quintal
„et même davantage, en faveur du dernier."

Les *causes* de défectuosités dans la fabriaction du beurre
gisent:

1° *Dans le lieu* où l'ou fait écrémer le lait, qui est souvent très mal construit et n'a, ni en hiver, ni en été, la vraie
température; souvent il s'y trouve des matières en dépôt
(betteraves, pommes de terre) ou en fermentation (chou-
croûte, qui répendant de très mauvaises odeurs et donnent
au lait un mauvais goût;

2° Les baquets, pour écrémer, sont faits de matériaux
impropres à cet usage, ou ne sont pas bien construits;

3° Le lait reste *trop longtemps* avant d'être écrémé;

4° Les *barattes* sont de mauvaise forme, mal commodes,
difficiles à manier, à nettoyer et ont souvent une odeur
repoussante;

5° Pour la fabrication, la *propreté indispensable et les
connaissances techniques manquent;*

6° On n'a aucun égard à la *température*, pendant le
barattage;

7° Souvent il règne, pour la fabrication du beurre, une
indifférence impardonnable et le *vieux laisser-aller* domine
encore dans bien des endroits.

Quant aux *différentes espèces de beurre*, on distingue:

1° Le *beurre de crème*. Ce produit se fabrique *exclusivement* avec de la crême. De tous les beurres, c'est le plus
propre à être mangé frais (beurre d'hiver et des fruiteries);

2° Le *beurre mêlé*. Ce beurre se fait avec un mélange
de crême ordinaire et de crême de petit lait (grasseîon).
Il se fabrique en été dans toutes les grandes fruiteries;

3° Le *beurre de crème* de petit lait (ou de grasseîon. Ce
beurre, dit aussi beurre blanc, se fabrique exclusivement
avec le grasseîon, il est bon surtout pour être fondu.

Nous reviendrons plus tard sur ces différentes espèces

de beurre. Observons ici que ces trois catégories de beurre devraient être *séparées*, pour le commerce. Comme elles ont chacune une *valeur* différente, les *prix* devraient être conformes à leur valeur intrinsèque, ce qui n'arrive que très rarement. Ceci est une des raisons pour lesquelles le beurre suisse ne peut concourir avec le beurre d'autres pays, sur les marchés étrangers.

Dans quelques contrées, et surtout en France et en Allemagne, on fait, immédiatement, du beurre *avec le lait*. On obtient ainsi directement un beurre très fin et d'une saveur exquise que l'on peut se procurer à chaque instant Pour cette manière de faire le beurre, il faut avoir des barattes plus grandes que pour la fabrication du beurre de crême et employer plus de force; d'un autre côté, il faut aussi, pour laisser reposer le lait, moins d'espace et peu de baquets. La laiterie et les grands baquets deviendraient par là *inutiles*.

D'après de nombreux essais, il est prouvé qu'il faut, pour *une livre de beurre de lait,* peu de lait de plus que pour une livre de *crême*, mais la fabrication en est plus difficile. Dans les fruiteries, où l'on fait du fromage mi-gras et du maigre, l'ancienne méthode de faire le beurre de crême est préférable. Aussi, dans la suite, ferons-nous abstraction du beurre de lait.

Il faut pourtant avouer que, pour l'usage domestique et pour des quantités de lait trop petites pour être appliquées à la fabrication du fromage, ce procédé a ses avantages.

A. Beurre de crême.

1. La crême.

La crême se compose *de molécules de graisse ou de beurre* qui montent à la surface du lait et y forment une couche cohérente jaunâtre. Une *agitation violente* du lait (transport) avant qu'il soit versé dans les baquets, est très préjudiciable, puisqu'on obtient *moins* de crême et qu'elle se forme beaucoup *plus lentement*. *L'air frais*, au contraire, facilité beaucoup la formation de la *crème douce*. Aussi, dans la laiterie, on cherche à éviter un air *renfermé et humide,* par l'établissement de *soupiraux* et de *courants d'air* pratiqués au niveau de baquets.

La *quantité* de crême donnée, par chaque animal, dépend de ses qualités individuelles, de la nature des aliments, de l'époque de la portée, etc. (Plus une vache se rapproche de l'époque où elle va tarir, plus son lait est gras et substantiel).

Les molécules butyreuses les *plus grasses* montent les premières. Ce sont les *plus riches* en graisse et les plus pauvres en caseum. Aussi, le beurre que l'on fabrique avec la couche qu'elles forment, est-il le meilleur. C'est pourquoi, en Hollande, on fait, de la crême des douze premières heures, un beurre de *première qualité,* et de la couche des douze heures suivantes, le beurre de *seconde qualité.* On pourrait, en hiver, fabriquer dans nos fruiteries avec avantage, un beurre de qualité supérieure, puisqu'on fait du fromage *demi-gras* et que, pour cela, il faut écrémer après douze heures. Il faudrait alors travailler *seule* la crême du petit-lait (grasseïon); ce qui donnerait, il est vrai, un surcroît de travail, mais augmenterait notablement le gain de la fruiterie.

Si on laisse séjourner la crême, pendant quelque temps sur le lait, ensuite de l'évaporation de l'eau, la couche de crême devient plus dense, et forme comme une espèce de croûte à sa surface. Par la concentration de presque toutes les molécules grasses, cette croûte épaisse donne une plus grande quantité de beurre, mais nous verrons plus loin qu'il n'augmente pas en qualité! La crême n'est pas employée seulement pour la fabrication du beurre; que de mets n'avons-nous pas à la crême! Inutile de les énumérer.

2. L'Ecrémage.

Pour obtenir une *bonne crème*, il faut savoir remplir certaines conditions.

1° Ainsi que dans toutes les branches qui se rapportent à l'industrie du lait, *la propreté la plus scrupuleuse* est une des conditions indispensables à la réussite. Si l'on n'est pas soigneux dans l'écurie, si les baquets, qui doivent contenir le lait, ne sont pas d'une extrême propreté, si l'on a de mauvais filtres à couler, si le lait reste des heures entières dans l'écurie avant d'être coulé, il ne faut pas s'attendre à avoir une *bonne crême*. Les vaches doivent être tenues au sec autant qu'il est possible, leur tétine doit être propre et sèche, celui qui trait devrait aller, à cette opération, propre comme un oignon. Il est absolument nécessaire de laver à fond, deux fois le jour, les seaux qui doivent contenir le lait et d'avoir soin, après chaque lavage, de les faire sécher au grand air. Après la mulcion ou traite, il faut porter le lait immédiatement dans le local où il doit séjourner. (Le coulage se fait ordinairement à la Laiterie, où se trouvent tous les appareils nécessaires à cette opération).

2° Quant à *l'endroit* où il faut laisser séjourner le lait, nous avons déjà parlé d'un local spécial, la Laiterie; il faut se garder de conserver, dans ce lieu, des *matières étrangères* et le nettoyer soigneusement tous les jours; car, même avec les plus grandes précautions, on laisse toujours tomber à terre, quelques gouttes de lait, ce qui provoque la formation de l'aigreur du lait (acide lactique). Les baquets ne doivent pas être placés sur le sol, mais sur des étagères à claire-voie, afin de recevoir le courant d'air d'en bas.

3° La *température* de l'espace dans lequel on met le lait est aussi de la plus haute importance. Chacun sait que le même lait ne donne pas *toujours la même quantité* de crême, dans le même temps. La chaleur et le froid ont une grande influence sur la *décrémation* du lait. Cette circonstance n'est malheureusement pas assez prise en considération par les agriculteurs et les fruitiers. Ils conservent, été comme hiver et *sans mesures préservatrices*, leur lait, dans le *même* local.

A une température élevée, la crême forme une couche plus tenace, plus continue, plus riche en graisse et plus jaune, mais ne donne pas un beurre fin. La séparation de la crême se fait trop lentement et trop irrégulièrement, dans des vases de bois, à une température trop basse; elle se recouvre même de moisissure et le beurre prend alors un goût aigre et désagréable. On a déjà vu, d'ailleurs, le lait geler dans la laiterie, comme le fromage dans la cave à fromage, ce qui est la preuve d'une négligence impardonnable!

On ne peut, il est vrai, demander à des gens qui ont peu de vaches d'avoir une Laiterie à eux propre, c'est pourquoi il y aura plus d'avantage *pour eux* de porter leur lait dans une fruiterie bien organisée, que de le garder dans un local peu approprié, pour le manipuler eux-mêmes.

Dans les fruiteries de construction ancienne et d'organisation incomplète, on peut souvent remédier aux inconvénients cités plus haut, soit en pratiquant des soupiraux pour les courants d'air, soit en plaçant des contrevents, des abat-jour devant les fenêtres, ou en protégeant, par des arbres, les murs et les fenêtres, contre l'ardeur du soleil. On peut aussi, en hiver, remédier à certains inconvénients, en chauffant légèrement, au moyen de poêles, tout en prenant les précautions nécessaires pour que ni fumée ni produits de charbon ne puissent pénétrer dans l'espace où se trouve le lait.

Pour ce qui et de la *température* à laquelle il faut exposer le lait qui doit être écrémé on a observé que le lait s'écréme *le mieux* quand on le *refroidit immédiatement* jusqu'à 4-6° R., (5-7 $\frac{1}{2}$° C.); beaucoup moins bien entre 6-12° R. (10-15° C.), avec refroidissement; encore moins, sans refroidissement, à la même température.

On peut, par conséquent, distinguer trois *systèmes d'exposition* du lait, pour la séparation de la crême.

    I. A une température basse avec refroidissement dans l'eau (4-6° R. soit 5-8 $\frac{1}{2}$° C.). Système Suédois ou de Swarz. *

---

   * Pour maintenire cette basse températur, en été, on se procure de la glace.

II. A une température de 8-12 ° R. (10-15° C.) avec
refroidissement dans l'eau (Système américain).

III. A une température moyenne, sans refroidissement.
(8-12 ° R. soit 10-15 ° C. Système ordinaire)

Le système I a été décrit avec détail dans la brochure
en allemand, intitulée: *Du refroidissement du lait*, par
SCHATZMANN (Aarau, chez J.-J. Christen, 1870). Prix,
l'exemplaire, 30 cent. — 12 exemplaires, 25 cent. — 50
et plus d'exemplaires, 20 cent.

On se sert, pour le refroidissement du lait, de grands
vases ovales de 2' de hauteur et de la contenance de 20
à 40 pots, que l'on place dans de l'eau froide. Par cette
opération on obtient les avantages suivants:

1° On a besoin de *peu d'espace*, pour laisser reposer le
lait, quatre bassins de 3' de largeur, et de 2' de profondeur. *

2° Il faut peu de *baquets* ou *vases*. **

3° *L'organisation intérieure de la fruiterie coûte moins*
que celle des laiteries anciennes;

4° On aura toujours de la crême *douce* et du lait *doux*;
car, à la température désignée, il est *impossible* que le lait
puisse s'aigrir; donc, les produits seront supérieurs à ceux
que l'on obtient sans refroidissement;

5° On obtient, en peu de temps, *plus de crême;*

6° On épargne du *temps et du travail.*

Ce système est généralement répandu en Suède, Danemark, Norwége, Amérique du Nord, Finnlande. En Suisse,
le système N° II est *généralement employé.*

On n'observe pas encore assez les maintien d'une température *uniforme* dans la laiterie, c'est pourquoi il est à
désirer qu'on fasse beaucoup d'essais avec le système
Suédois ou de Swarz.

Nous nous occuperons dans la suite, seulement du procédé

---

* La longueur dépend de la quantité du lait d'une traite.
** Un vase par quintal de lait.

généralement jusité (système ordinaire), et nous parlerons actuellement:

4° *De la hauteur de la couche de lait.* D'après la manière dont les globules de crême montent, il faut supposer que moins la couche de lait est profonde, plus sera rapide et complète la formation de la crême, ce dont on peut facilement se convaincre par des essais. De plus, la crême qu'on obtient ainsi, par le procédé de vases peu élevés, est meilleure. C'est pour cette raison qu'on a, dans le Holstein, pour écrémer le lait, des vases qui forment un parallélipidède de 6 pieds de long sur 3 de large et de 4 pouces de haut, de manière que la couche de lait n'a que 3 pouces de profondeur; en outre, ils sont de fer, de sorte que le lait se refroidit beaucoup plus vite que dans les baquets de bois. *Donc, n'employez pas des baquets trop profonds!*

5° *La forme des baquets* est ordinairement *ronde.* En Suisse, on n'en trouve point d'autres; en Hollande, ils sont souvent ovales, et la *hauteur* de leurs parois latérales est de 3 à 4 pouces, le diamètre de 18 à 20 pouces et plus. Pour le transport d'un lieu à un autre, les grands baquets ronds sont peu commodes, vu qu'on verse trop facilement le lait qu'ils contiennent. Pour obvier à cet inconvénient, on a, dans bien des endroits, des seaux *portatifs*, dans les-quels on verse le lait, pour le porter dans la fromagerie.

6° La *matière* dont sont faits les vases à écrémer est d'une très haute importance, parce qu'ils influent:

a) Sur le *refroidissement* plus ou moins rapide du lait, et

b) Sur le *nettoyage* plus ou moins complet des vases.

En Suisse, on a presque exclusivement des baquets de *bois*, dans lesquels le lait se refroidit *lentement*; ces baquets sont *difficiles à nettoyer*, la plupart étant faits de bois de *sapin*, rarement de bois de *pin arole* (pinus cembra). Plus les anneaux annuels sont rapprochés, plus le bois est dense et meilleur il est pour la construction des vases de fruiterie.

Les baquets faits de *bois de montagnes*, qui a crû lente-ment, sont supérieurs à ceux qui sont fabriqués avec le

5

bois gras de la plaine, qui est beaucoup plus poreux et absorbe, par conséquent, plus facilement l'aigreur du lait (acide lactique) et la conserve plus longtemps. Abstraction faite de la *nature* du bois, il est *absolument* nécessaire qu'il soit *parfaitement sain*, sans nœuds, ni fentes résineuses, &c. On trouve très souvent, dans les fruiteries, des baquets et des boïlles qui ont des défauts de bois. Un seul de ces baquets défectueux, peut gâter *un* ou même *plusieurs* fromages, parce qu'on ne peut jamais bien les nettoyer. Un autre inconvénient des vases de bois, c'est de se dessécher (égriller) et, par conséquent, de couler. C'est cet inconvénient qui a fait remplacer les brentes, boïlles, seaux à traire, par des vases correspondants en *fer-blanc*. Dans les pays qui font un grand commerce de lait, le bois n'est plus en usage et ceux de fort fer-blanc offrent encore l'avantage que le lait *s'y refroidit promptement* et qu'ils *sont faciles à nettoyer*. Il n'y a qu'à les étamer, de temps en temps, pour qu'ils joignent la durée à la propreté. Le prix des vases de fonte émaillée et de verre est trop élevé.

7° C'est ici la place de dire un mot du *nettoiement des ustensiles*, car le lait peut se gâter dans la meilleure matière, si les soins de propreté nécessaires manquent. C'est avec de l'eau bouillante qu'on nettoie le mieux; si cela ne suffit pas, surtout dans la saison chaude, il faut employer de *l'eau de soude*, pour laver tous les vases à lait; on les rince ensuite soigneusement, avec de l'eau de fontaine, de rivière ou de ruiseau. Nous recommandons, en outre, de bien les faire sécher au grand air; dans ce but, on a établi dans beaucoup de fruiteries, en dehors du bâtiment, mais sous l'avant-toit, des étagères de lattes, sur lesquelles on met les baquets et autres vases, jusqu'à ce qu'ils soient parfaitement secs.

8° *On place le lait*, à mesure qu'il est apporté, dans la cave ou dans la laiterie (chambre à lait), sur des étagères de lattes appliquées aux parois du local, à deux ou trois pieds au-dessus du sol. Il est bien à blâmer de poser les baquets immédiatement sur le sol couvert de poussière ; beaucoup de locaux destinés à la conservation du lait n'ont pas même un plancher de carreaux, de briques ou de ciment, de sorte qu'il est de toute impossibilité de les nettoyer à fond. Les vases à lait doivent recevoir l'air dans tous les sens, ceci est d'une nécessité absolue. Il faut quitter l'habitude, qu'on a, surtout dans les montagnes, de placer les baquets *les uns sur les autres*, de manière que ceux d'en bas soient à moitié couverts par ceux qui les surmontent. Quand le lait se refroidt, la vapeur des baquets d'en bas s'attache au fond de ceux qui sont dessus et dégoutte dans le lait.

En Hollande, on rafraichit le lait, avant de le mettre dans les baquets, dans de *grandes cuves de métal*, placées dans de l'eau à 12° R. ou 15° C. On a, pour cela, des rafraichissoirs *ad hoc*, établis dans le voisinage de l'étable. Ces réservoirs à eau sont en maçonnerie et de forme carrée. L'on peut aussi utiliser un bassin de fontaine, réservé à cet usage. — Ce procédé contribue puissamment à un écrémage prompt et uniforme.

9° *Combien de temps le lait doit-il reposer ?*

Dans beaucoup de contrées montagneuses de la Suisse, règne l'habitude de laisser reposer le lait de 48 à 64 heures et au-delà ; et l'on s'appuie, pour cela, sur la grande quantité de beurre qu'on gagne ; mais cette pratique ne s'accorde pas avec les principes de la fabrication du beurre, émis par nous. Nous devons fabriquer, dans nos fruiteries, du *beurre aussi bon et aussi frais que possible*, et il ne faut donc pas laisser le lait reposer jusqu'à ce qu'il soit CAILLÉ et AIGRE. La question posée, est, du reste, intimement liée avec celle du degré de chaleur du local, que nous avons résolue plus haut. *Par une basse température*, ensuite de *refroidissement*, l'écrêmage est terminé entre 12 et 24 heures, et l'on obtient de la crême et du lait maigre d'une qualité douce et fraîche, de sorte *qu'il doit* en résulter *un bon produit*, pourvu que la fabrication ne soit pas défectueuse; c'est le contraire qui arrive, lorsqu'on garde le lait trop longtemps.

Même, en employant le système usité encore chez nous, d'écrémer le lait à uue température élevée, on ne devrait jamais laisser le lait au repos plus de 24 à 36 heures, parce qu'au bout de ce temps il devient ordinairement aigre, sinon caillé. Dans ce cas, les globules butyreux ne montent naturellement plus, parce que le lait caillé leur oppose de la résistance.

On ne doit donc pas juger le bon fruitier, comme cela arrive encore souvent, d'après la *quantité du beurre* qu'il extrait d'un certain nombre de pots de lait, mais d'après la *qualité* du produit. Le beurre *frais, doux et savoureux,* est la marchandise dont on obtient le plus haut prix. S'il reste encore un peu de beurre dans le lait doux et écrémé, il n'y a point de mal, car le fromage n'en sera que meilleur. Le lait aigre ou même caillé spontanément ne donnera jamais de bon fromage.

10° *L'écrèmage* se fait ordinairement avec un écrémoire de bois ou de fer-blanc, plate, à arêtes vives (minces), pour enlever le moins de lait possible. On se sert aussi de *cuillers* à écrémer percées d'un certain nombre de petits trous; ces dernières sont très pratiques, lorsque la crême forme une couche continue.

11° Si l'on veut *conserver* de la crême pendant quelques jours, ce qui n'arrive guère que dans les ménages, il faut l'exposer à *l'air frais,* dans des vases plats et non couverts.

12° Dans les fruiteries, le *lait écrémé,* ainsi que le *lait de beurre,* sert exclusivement à la fabrication du fromage; les particuliers le donnent aussi aux veaux et surtout aux porcs, comme moyen d'engraissement.

13° Faut-il baratter la *crême douce* ou quand elle *est un peu aigre?* Cette question est encore en litige. Dans le Holstein, on laisse toujours la crême devenir aigrelette avant de la baratter; on accélère même ce procédé artificiellement, par des *cruches chaudes* ou par des pierres chauffées, qu'on plonge dans la crême.

Puisque l'agglomération du beurre se fait aussifacilement avec de la crême douce qu'avec de la crême aigrelette, nous prétendons et nous pouvons prouver, par de nombreuses expériences, que la *crême douce* donne le meilleur beurre.

3. Manipulation de la crême.

Si l'on secoue ou fouette la crême, à une certaine température, la graisse, au bout de peu de temps, se sépare en petites masses grumeleuses, parce que les globules de beurre, existant dans le lait, se lient entre eux, sous l'effet de cette action mécanique.

La *température nécessaire*, une *bonne barette* et une *saine pratique* sont les conditions essentielles de la fabrication du beurre.

1. Que de peines, que de sueurs seraient épargnées, si l'on voulait tenir compte de la *température* et ne pas baratter toute l'année de la *même manière* et dans le *même local.*

Comme le fruitier aime en hiver le poêle chaud et en été l'ombre fraîche, ainsi sa crême. Fait-il trop chaud, la crême fond, pour ainsi dire, et forme une bouillie d'un aspect désagréable; fait-il trop froid, les globules butyreux ne s'agglomèrent pas, et l'on travaillera, des heures entières, sans parvenir à former son beurre. Il est facile de s'en convaincre par un *petit essai:* On fait bouillir le lait pendant environ cinq minutes, on le place ensuite dans une petite fiole de pharmacie et on le secoue quelque temps, après avoir abaissé la température jusqu'à 12º R. ou 15º C. Si l'on fait descendre la température bien *au-dessous* de ces chiffres, on obtient de petits grains de beurre; si on l'élève artificiellement *au dessus* des degrés indiqués, on obtient du beurre comme de la bouillie. Cette expérience prouve, à l'évidence, l'influence que le froid et le chaud exercent sur la qualité du beurre.

Il est curieux de voir le fabricant de *fromages* gras se servir depuis longtemps du thermomètre, tandis que le fabricant de *beurre* ne veut souvent pas en entendre parler. Est-ce par ignorance? Est-ce par caprice? Est-ce par orgueil de vouloir tout savoir faire sans avoir besoin des lumières d'autrui? Les frais ne peuvent pas être la cause de cette négligence, car un thermomètre ne coûte que de 2 fr. à 2 fr. 50. Nous ne saurions pourtant assez répéter que la température exerce une influence considérable, tant sur la *quantité* que sur la *qualité* du beurre.

Pendant le barattage, il faut maintenir la crème en moyenne à 12° R. (15° C.), en été à 10° R., soit 1° à 2° plus bas, qu'en hiver, pendant lequel la température peut être élevée jusqu'à 14° R. Pendant le travail, la température de la baratte augmente de 1 à 9° ensuite de la chaleur que produit le frottement. Le fruitier doit faire bien attention d'avoir, dès le commencement du barattage, le degré de chaleur indiqué, sinon il faut chercher à l'obtenir par des *moyens artificiels*. On ajoute, au liquide à baratter, de l'eau chaude ou froide, ou bien l'on nettoie l'appareil avec cette eau chaude ou froide, suivant les circonstances, avant de commencer le travail. Dans les deux cas, il est très difficile de trouver juste la température nécessaire à l'opération. Il est donc plus pratique de chauffer ou de refroidir la crème elle même, au bain Marie dans un vase en fer blanc, jusqu'à ce qu'elle ait acquis la température voulue.

Le degré de chaleur indiqué s'obtient très facilement en entourant la baratte fixe d'un manchon, dans lequel on peut verser à volonté de l'eau chaude ou de l'eau froide, suivant les besoins; de cette manière, on peut compenser, à chaque instant, le défaut de température. Nous donnerons plus loin la description de cet appareil. Le beurre contient, en moyenne, les 96 èmes p. % de la graisse de la crème; 4 % restent dans le lait de beurre. Le fruitier fera bien de *soumettre chacune des barattes* dont il se sert, à un examen minutieux, au point de vue du degré de chaleur nécessaire au travail.

2. Les *genres de barattes* sont, de nos jours, très nombreux; elles sortent pour ainsi dire, de terre comme les champignons: chaque pays, chaque contrée et souvent même chaque village à ses formes favorites et de prédi-

lection. Voici quelles sont les qualités qu'il faut exiger d'une bonne baratte:

1° Le beurre doit se former *en peu de temps,* avec *peu de peine* et le plus *complètement possible.*

2° L'ouverture pour verser la crême, sortir le beurre, etc., doit être assez grande pour qu'on puisse travailler sans gêne.

3° *Elle doit être construite solidement et ne pas être trop chère.*

4° *Elle doit être facile à nettoyer.*

Il est difficile de trouver *une baratte* qui réunisse toutes les qualités sus-nommées; l'on choisira donc celle qui en possède le plus grand nombre.

On distingue parmi les barattes:

A. Les *barattes fixes,* dans lesquelles le lait est travaillé par des appareils particuliers.

a) *Barattes à pilons.* C'est à cette catégorie qu'appartient la baratte de nos campagnards, espèce de baril allongé, avec un couvercle percé d'un trou pour laisser passer le manche du pilon. Dans les fruiteries, cet utensile ne peut être employé, parce qu'il est trop petit et qu'il exige trop de force. Il est pourtant fort bon, pour de petites quantités de lait, comme cela arrive chez les agriculteurs.

b) *Barattes à palettes trouées.* Cette baratte, qui a la forme d'un tonneau, est aussi fixe. Elle a, dans son intérieur, ou perpendiculairement ou horizontalement, un axe garni d'ailes ou de bâtons. Nous en donnerons la description plus loin. (Barattes de Girard.)

B. *Barattes tournantes.* Dans ce système, la crême se heurte, par le mouvement de la baratte elle-même, contre les parois et à travers l'aile trouée fixe qui est dans l'intérieur de la baratte.

a) *Barattes tournantes à axe vertical.* Barattes en forme de tonneau ou de meules de moulin, avec des planches trouées dans l'intérieur. Nous en donnerons plus loin la description dans deux formes différentes.

b) Barattes à bercer. On balance une espèce de caisse carrée de bois, placée sur un berceau. Dans l'intérieur de cet appareil se trouvent une ou plusieurs grilles verticales, à travers lesquelles la crème passe. Ces barattes sont inconnues en Suisse. On ne peut les recommander pour les fruiteries.

Nous ne donnerons pas la description d'un grand nombre de barattes; qu'il nous suffise de présenter ici trois de ces appareils, dont nous tâcherons de montrer les avantages et les désavantages.

a) La *baratte* ordinaire de sapin, qu'on emploie en Suisse, est étroite et d'un grand diamètre. Elle a la forme d'un fromage ou *d'une meule;* elle est pourvue, dans l'intérieur, d'une planche trouée qu'on peut passer par l'axe de la baratte et sortir pour la nettoyer. L'ouverture, pour verser la crème et pour sortir le beurre, est en général trop petite, mais le grand circuit qu'elle accomplit facilite le travail. L'inconvénient de cette baratte est qu'elle est *difficile à nettoyer,* parce qu'une partie de l'intérieur est inaccessible aux brosses, aux frottoirs, &c. Il est difficile aussi d'en sortir le beurre; le bois de sapin dont elle est faite n'est pas assez dur et absorbe, par conséquent, l'aigreur du lait (acide lactique). C'est pourquoi ces barattes ont souvent une mauvaise odeur et sont préjudiciables à la bonne qualité du beurre.

b) Baratte de Lefeldt (ingénieur civil à Schœningen, Brunswick). Cette baratte se compose d'un tonneau de chêne de la grandeur d'un tonneau à pétrole. Elle est pourvue de deux tourillons, en forme de bondes, qui sont engagés d'une manière fixe, chacun dans deux traverses en bois. La baratte, posée sur son chevalet, tourne sur deux disques mobiles, pour diminuer le frottement, ce qui facilite considérablement le mouvement de l'appareil. (Voyez figure.)

Elle est munie d'un trou ventilateur pour l'entrée et la sortie de l'air, et d'une large ouverture pour verser la crême et sortir le beurre. Dans l'intérieur du tonneau se trouvent trois ailes percées, qu'on peut sortir à volonté. Vis-à-vis du couvert est appliqué un bouchon en bois, pour la sortie du lait de beurre et des eaux de nettoyage. Les avantages de cette baratte sont assez considérables. Sa grande ouverture la rend très commode tant pour ramasser et agglomérer le beurre, que pour sortir les ailes et nettoyer à fond.

Elle est à recommander sous le rapport de la facilité du travail et du rendement, ce qui compense l'élévation du prix (60 à 150 fr., suivant la dimension). Adresse du dépôt pour la Suisse: Station Laitière à Lausanne (Mont Riond).

c) *Baratte Girard* (Paris). Dans une caisse en forte tôle étamée, dont le fond est arrondi, tourne un axe horizontal avec deux ailes en fer-blanc. Le mouvement est ici produit par un engrenage, avec volant en fonte. Cette caisse est enveloppée d'une autre caisse de même forme, dans laquelle on met de l'eau froide ou chaude, suivant la température qu'on veut donner à la crême. Les deux caisses ont, du côté opposé à la manivelle, deux tuyaux, *l'un* pour la sortie du lait de beurre et *l'autre* pour l'eau, qui règle la température. Cette machine est fermée par un couvercle de tôle étamée, qui est percé, d'un côté, de trous pour laisser un libre passage à l'air atmosphérique.

Pour que la crème ne puisse pas s'échapper par ces ouvertures, il y a, dans l'intérieur de la caisse, une double plaque en fer-blanc. Le couvercle renversé forme une caisse carrée dans laquelle on peut finir de travailler le beurre et le mettre en formes. On peut fixer ces machines, si elles ne sont pas trop grandes, à une table quelconque. Les grandes ont leur chevalet particulier.

Les avantages de la baratte Girard sont les suivants:

1° On peut s'en servir pour la fabrication du beurre de *lait*, comme pour le beurre de *crème*.

2° Le travail se fait *vite* (20-30 minutes) et *facilement*.

3° On peut régler exactement la *température*.

4° Elle est construite *solidement*, et

5° On peut la *nettoyer facilement*.

Fabricant: M. Läuble, ferblantier à Frauenfeld. Prix 30 à 250 Fr.

La matière du vase (fer-blanc) n'apporte aucun invonvénient à la couleur du beurre, aussi longtemps que l'on a affaire avec de la crême *douce ;* ceci a été prouvé par une longue pratique. Si, dans les premiers temps, le beurre perd, dans ces vases, de sa couleur propre, une propreté exemplaire porte un remède immédiat à ce défaut.

Pour ce qui est des barattes en général, le fruitier doit les étudier,. *chacune* dans son caractère particulier, jusqu'à ce qu'il en connaisse le meilleur emploi. Qu'il soit d'ailleurs, dès d'abord, convaincu qu'un ou deux essais ne suffisent pas pour reconnaître tous les avantages ou les défauts d'une machine. Il faut, pour l'étude d'une baratte, tenir compte des circonstances suivantes:

3° Le *travail nécessaire* à la transformation de la crême en beurre, exige, de la part du fruitier, *l'attention* la plus minutieuse. Il ne faut pas croire qu'il suffise de tourner machinalement la manivelle de travail (roues à palettes) pour obtenir, à temps voulu, de bon beurre.

a) La *température de la crême* ou du lait, dans la fabrication du beurre, doit être, en moyenne de 12° R., soit 45° C., avant d'être battue.

b) Les barattes, pour que le travail se fasse d'une manière régulière, ne doivent jamais être plus *d'à moitié pleines.*

c) La régularite du *mouvement de la machine* est d'une grande importance. Par le travail, on a en vue de réunir, en une seule masse, les molécules du beurre qui se sont isolées les unes des autres, dans le fluide. *Moins le mouvement est rapide*, plus il faut de temps aux molécules du beurre pour se réunir, mais aussi plus *l'adhérence est parfaite.* Le beurre sort *presque fait* de la baratte; il n'a plus besoin d'être pétri beaucoup. Au contraire, si le mouvement est *très rapide,* il se forme une masse molle, formée d'une infinité de petits grumeaux de beurre qui renferment, entr'eux du lait de beurre, et même des bulles d'air, qu'il est impossible d'éloigner complètement, même après l'opération subséquente la plus consciencieuse. Le beurre, alors, ne peut plus acquérir une qualité convenable: il reste mou.

d) La quantité du *beurre à obtenir* peut varier beaucoup selon la manière dont en mène l'opération. Un mouvement très rapide donnera un poids de beurre plus considérable, mais ce que la crême contient de beurre ne sera jamais complètement *séparé*. L'élévation de poids est amenée ici par des matières étrangères au beurre (caséine, babeurre, &c.) Un mouvement lent, pendant la fabrication du beurre, a toujours pour résultat de produire un beurre de qualité supérieure, toutes choses égales d'ailleurs.

e) La *durée de l'opération* est en rapport avec les circonstances. Il faut moins de temps pour une petite quantité de crême que pour une grande. L'opération se termine ordinairement entre 30 et 60 minutes. Quand le beurre se forme trop vite, il est d'une consistance molle et par conséquent d'une qualité inférieure; un travail trop prolongé démontre que la température n'a pas été suffisante, supposé que la crême fût de bonne qualité.

f) La *suspension du travail*, dans le moment opportun, n'est pas sans influence sur la qualité. La quantité de beurre augmente un peu, par une prolongation du travail, mais le beurre prend alors de l'eau et de la caséine, ce qui lui fait perdre sa qualité.

g) Sans *analyse chimique*, il est difficile de dire si la graisse de la crême a été *enlevée complètement* par le travail, et si le beurre est aussi *pur* que possible. Dans tous les cas, il est à recommander aux fruitiers de passer le lait battu à travers une double toile métallique, afin d'en retenir toutes les parties grasses, qui seraient perdues sans cela.

h) Malgré les directions données en *a, b, c*, il peut arriver des cas où la crême *ne laisse pas sortir son beurre* et ne donne qu'une écume de mauvaise odeur et de mauvais goût qui, à la fin, remplit complètement la baratte. On a indiqué, précédemment, les causes de ce phénomène.

4. Manipulation du beurre.

Le beurre fait se trouve dans la baratte en morceaux plus ou moins gros. Après avoir laissé écouler le lait battu (babeurre), on jette dans la baratte, une seillée d'eau fraîche et l'on tourne rapidement, de manière à laver complètement le beurre. On répète cette opération plusieurs fois jusqu'à ce que l'eau qui ressort de la baratte soit complètement incolore. Ce *procédé* donne un beurre d'une grande pureté et rend possible sa conservation à l'état de beurre frais, quoiqu'on ait prétendu que la quantité d'eau du beurre augmente, et qu'il perd un peu de sa saveur.

Un *autre procédé* consiste *à pétrir le beurre à sec,* c'est-à-dire sans eau, dans un baquet fait exprès. Le beurre retient alors une plus grande quantité de caséine et de sucre, ce qui en rehausse, à ce qu'on dit, le goût, et il prend une plus grande quantité d'eau.

Le *pétrir* se fait, dans la plupart des cas, avec les mains. L'opération s'accomplit mieux avec des spatules en bois ou des machines.

Le beurre de table *fin* peut être obtenu en petite quantité, en traitant le beurre avec des linges très propres et très secs, qui enlèvent, à la pâte, ce qui peut rester de lait et d'eau. En Suisse, presque sans exception, le beurre *est vendu frais ;* c'est le contraire dans le nord de l'Allemagne, en Danemark, en Suède, Angleterre, où il est ordinairement *salé,* pour être livré au commerce.

Il faut prendre les soins les plus minutieux pour *bien saler* le beurre, afin d'en pénétrer *uniformément* toute la masse. Le sel employé doit être aussi pur que possible. Dans le nord de l'Allemagne, où l'on emploie, pour cet usage, de préférence, le sel de Lünebourg, on met de un quart à une demi once de sel, par livre de beurre. En Angleterre, pour saler le beurre, on fait un mélange de deux parties de sel, d'une partie de salpêtre et d'une partie de sucre. Après avoir bien pétri le beurre avec le sel, on le presse. Cette dernière opération se fait ordinairement le lendemain. Le liquide qui sort du beurre, pendant la pression, contient du sel, du sucre de lait et un peu de caséine.

Le beurre, qui a été préparé pour le commerce, se place, après avoir été salé, dans des tonneaux en chêne d'un certain volume; et c'est ainsi qu'il est expédié dans toutes les parties du monde.

Le beurre d'hiver *se colore* dans bien des contrées (Suisse). On se sert essentiellement pour cette coloration d'un mélange d'orléans et de curcuma.

En Suisse et en Danémark, on se sert *d'une solution* de ces matières. Ce mélange se trouve dans le commerce, (couleur de cerf).

En Suisse, on colore aussi le fromage comme le beurre, mais souvent d'une manière tout à fait défectueuse, avec une solution de roucou (bixa orellana).

Loin de juger utile l'emploi de ce procédé, nous le croyons *diamétralement opposé* aux intérêts des fabricants; aussi, sommes-nous de l'avis de **Martiny**, qui dit:

1° C'est une duperie, puisque celui qui consomme est porté, par cet artifice, à prendre le beurre pour meilleur qu'il n'est.

2° Cette coloration du beurre entretient le préjugé que la couleur du beurre est un moyen important de reconnaître *sa qualité.*

Il n'en est pas moins vrai que beaucoup de producteurs pensent être dans leurs droits en laissant croire aux consommateurs ou aux revendeurs, que le beurre jaune est le meilleur.

5. De la conservation du beurre.

Ouoique le beurre se vende, en Suisse, presque *immédiatement* après sa fabrication, il est pourtant nécessaire de dire ici un mot des procédés que l'on emploie *pour sa conservation.* Les matières fermentescibles que contient le beurre, telles que: la caséine, le sucre de lait, sont la cause que cette matière, abandonnée à elle-même sans

précaution, se gâte facilement, prend une saveur rance,
amère et désagréable, ce qu'il faut tâcher d'éviter, surtout
dans le beurre de table, première qualité. — Une cave
fraîche, un courant d'air continuel, empêchent, *pour un
temps,* la fermentation du beurre. On peut aussi conserver
le beurre doux, pendant quelque temps, dans de l'eau
fraîche, que l'on renouvelle journellement, une ou deux
fois. Mais pour conserver *longtemps* le beurre doux, il *n'y
a qu'un seul moyen,* c'est la *glace.* Il est à conseiller à ceux
qui font le commerce de beurre et qui on tout intérêt à
le conserver longtemps frais, de se construire des *glacières.*
Cela peut se faire sans beaucoup de frais, quand, dans
les hivers rigoureux, on amoncelle, dans un lieu fermé,
de la glace, que l'on protége ensuite contre la fusion, par
de mauvais conducteurs, (paille, feuilles, etc.)

Un autre moyen de conserver le beurre, c'est de le *saler,*
comme nous l'avons dit précédemment. On peut alors le
conserver des mois et des années, sans qu'il devienne rance.
C'est le moyen employé dans les pays du Nord, où l'on produit le beurre en grand.

Pour conserver le beurre, on peut aussi le fondre. Cette
opération rend des *services à l'économie domestique,* sans
qu'elle ait une importance générale. Les procédés que nous
avons indiqués plus haut, pour conserver le beurre frais,
sont préférables; cependant, le beurre fondu est encore
excellent pour des fritures. A cet effet, on expose le beurre
à un feu clair et modéré. On écume avec soin toutes les
impuretés que la chaleur amène à la surface; on le fait
cuire jusqu'à ce qu'il devienne limpide comme de l'huile
épurée et que le dépôt (drache), soit d'un jaune doré.
On le laisse ensuite se refroidir un peu et on le puise
prudemment, sans le troubler, pour le verser dans des
toupines (jarres) ou dans de petits tonneaux, que l'on place
dans des caves bien fraîches. — 100 livres de beurre, se
réduisent, à la fusion, à 86—80 livres.

6. Rendement.

Pour le beurre comme pour les fromages, on ne peut indiquer, pour fixer le *rendement*, que des *moyennes générales*.
En moyenne, 100 livres de lait, après un repos de 24 heures,
donnent 2¹/₂ à 3¹/₃ livres de beurre. En général, on peut
dire que 10 pots de lait donnent un pot de crême, et cette
dernière, 1 livre de beurre.

Nous avons vu qu'il faut tenir compte d'une foule de
circonstances qui influent sur la qualité du beurre et sur
sa quantité. Il ne faut surtout pas se laisser tromper, sur
sa *valeur réelle*, par un rendement en apparence grand,
et il est important de ne pas taxer les capacités d'un
fruitier exclusivement d'après le rendement. Le meilleur
fruitier est celui qui fournit le beurre le plus pur et le
plus fin, et non celui qui fournit la plus *grande quantité*
de beurre, sans tenir compte de la qualité de son produit.

B. Beurre blanc.

Jusqu'à présent on n'a pas réussi, dans la fabrication du
fromage gras, à faire entrer toutes les parties grasses et
tout le caseum du lait, dans le fromage. Ainsi, il reste de
ces deux matières, dans le lait de fromage, qu'on donnait
autrefois aux porcs, mais dont on tire maintenant parti
pour la fabrication du beurre de petit-lait et du séré. Si,
après avoir sorti le fromage de la chaudière, on met le
petit-lait sur le feu, qu'on le chauffe peu à peu jusqu'à
72° R. ou 90° C., et qu'on ajoute sur 100 pots de ce liquide 1 à 2 pots d'azi ou cuite aigrie, il se forme d'abord
une légère couche d'écume, ensuite la crême de petit lait
ou *grasseton*, apparaît en grumeaux toujours plus grands,
jusqu'au moment où, formant une couche continue, on
puisse le puiser commodément avec une écrémoire. Des
fruitiers expérimentés le débattent immédiatement avec
de l'eau froide, le passent au travers d'une toile à fromage et le mettent ensuite au frais dans des baquets

plats. Au bout de 24 heures au moins, on y verse un *peu d'eau* et on le baratte comme l'autre crême. — Dans la fabrication du *fromage maigre,* il n'y a naturellement pas de grasseïon (crême de petit-lait) ou si peu, qu'il ne vaut pas la peine de le travailler; dans la fabrication du fromage *mi-gras,* il y en a peu, c'est pourquoi on le baratte avec la crême qn'on a enlevée au lait, et l'on mêle ainsi les deux espèces de beurre. Ceci est une *très grande faute* et, comme nous l'avons déjà dit, *un des principaux motifs* pour lesquels le beurre suisse ne peut rivaliser avec celui d'autres pays (France, Holstein, Suède, Danemark). Le *beurre blanc* contient *moins de graisse* et plus de *caseum* que le beurre de crême, et par conséquent il a moins de *valeur ;* si *l'on mêle* les deux espèces et qu'on les vende au même prix que le beurre de crême pur, on spécule sur l'ignorance de l'achetour. Dans le pays où l'on connaît la marchandise mieux que chez nous, on refuse, purement et simplement ce beurre *mélangé.* On le paie, par exemple, à Paris, de 20—40 francs le quintal de moins que le beurre de crême pur et bien travaillé Ne serait-il pas possible de faire disparaître cette inégalité par une juste différence de prix, comme dans toute autre marchandise? Il y a des personnes qui ne veulent voir sur leur table que du beurre fin et de bon goût et qui le paient volontiers ce qu'il vaut; d'autres, au contraire, n'emploient le beurre que pour la cuisine, ou ne tiennent pas beaucoup à un *fin goût.* Ceux-là aiment à acheter le beurre *à bon marché.* Nous sommes donc convaincus que, *sans perte* pour le fabricant, les différences de prix se compenseraient parfaitement. Que l'on compare, par exemple, le procédé *hollandais* avec le nôtre. Les fabricants de ce pays ont trois espèces de beurre:

1° Le beurre de première qualité est fait de la crême qui s'est formée au bout de 12 heures et qui contient les globules les plus gras.

2° Celui de seconde qualité provient de la crême qui a mis plus de 12 heures pour se former et qui contient les globules les plus petits et les moins gras.

6

3° Celui de troisième qualité; c'est le beurre de petit-lait (beurre blanc).

Dans la forêt de *Bréyenz*, le beurre blanc se fabrique et se vend *à part*, et les gens qui s'y connaissent se trouvent fort bien de cette fabrication séparée et de la différence de prix qu'elle provoque.

En Hollande, la fabrication de la troisième qualité de beurre se fait de la manière suivante: On verse le petit-lait dans un tonneau ou une *boltte* et on l'y laisse euviron dix jours. En hiver, tous les deux jours; et, dans le gros de l'été, tous les jours, on puise la substance grasse qui se forme à la surface du liquide et on la garde dans des toupines, où on la remue une ou deux fois par jour, avec une cuiller. S'il fait très chaud, on y met un peu de sel. Lorsqu'on a ramassé de cette manière, une quantité assez grande de graisse, on y verse de *l'eau* et l'on procède comme dans la fabrication du beurre ordinaire. Ce beurre, quoique bon, n'est pas de garde. Il se vend ordinairement assez bien (21).

On peut obtenir le grasseïon sans feu, en mettant le petit lait dans des vases en fer blanc et dans l'eau froide; il monte alors une crême très fine, dont on fabrique un beurre excellent.

V.

LE SÉRÉ.

1. Fabrication du séré.

Le séré est une matière *albumineuse,* que l'on obtient, après avoir enlevé le grasseïon ou crême de petit-lait, en traitant le petit-lait avec de l'azi (3 pots sur 100) et en chauffant jusqu'à l'ébullition. Bientôt, l'on voit apparaître des flocons blancs qui montent et descendent; à un moment donné, on puise le séré avec une passoire *ad hoc* et on le suspend dans une toile à fromage, pour que la cuite qu'il renferme encore puisse dégoutter. C'est de cette manière que l'on obtient les masses hémisphériques, qui se vendent aux consommateurs pour 10—20 cent. la livre.

De nombreux essais semblent prouver que le séré ne se trouve pas tout formé dans le lait, mais qu'il est le *produit* d'une transformation qui s'opère pendant le travail que l'on fait subir au lait, au moyen de la présure. Après la séparation du caillé, le séré reste en état de dissolution dans le liquide, jusqu'à ce qu'il soit séparé par le procédé indiqué. Pour la fabrication du *schabziger*, on emploie non seulement la matière albumineuse du lait (séré) mais aussi le *caseum*. Le schabziger est donc un produit du lait écrémé. — Mieux on a écrémé le lait, mieux on réussit aussi dans la fabrication du schabziger. On opère comme suit:

On chauffe jusqu'à l'ébullition le lait écrémé, frais et doux, que l'on destine à la fabrication du schabziger; on y verse alors peu à peu le lait de beurre froid, que l'on a en provision, de manière à le chauffer insensiblement jusqu'à l'ébullition. On répand ensuite avec une écrémoire plate, sur le lait, une certaine quantité d'azi et on ôte la chaudière du feu. L'azi ne fait cailler que les couches supérieures du liquide. On les enlève avec une grande cuiller, on remue de nouveau, y verse successivement de l'azi, jusqu'à ce que la précipitation soit complète et que la cuite soit claire et limpide. La quantité d'azi à verser sur le lait écrémé dépend de sa force; la masse séparée doit être molle et d'un goût doux et agréable. On rafraîchit le ziger obtenu, dans des baquets, et on le met, pour le faire fermenter, dans des tonneaux, que l'on expose à une chaleur d'environ 12° R. ou 15° C.

On compte que 10 pots (30 livres) de lait non écrémé donnent 3 ¹/₂ livres de ziger. La manipulation proprement dite du *schabziger* se fait dans des espèces de moulins à ziger, qui moulent le produit préparé avec de l'herbe à schabziger finement pulvérisée (*melilotus cœrulea*) et du sel, et on le débite ensuite sous la forme connue.

2. Valeur & rendement du séré blanc.

Le séré *blanc,* comme on l'obtient après la fabrication du *fromage,* ressemble, lorsqu'il est frais, au caseum (caillé), mais il n'est pas aussi élastique, et, quand même il à été fortement comprimé, on peut facilement l'émietter. En séchant, il prend une couleur d'un blanc verdâtre. Comme il acquiert facilement un goût de savon lorsqu'il devient vieux, il faut le manger frais, salé ou fumé.

Le séré est d'une *haute importance* pour la nutrition de l'homme, parce qu'il est composé, en très grande partie, de matières azotées, qui contribuent puissamment à la formation du sang. Il n'y a guère d'aliments, pour le même prix (10 cent. à 20 cent. la livre), qui contiennent autant *d'éléments d'assimilation.*

Le *rendement* en séré varie extrêmement. Dans la fabrication des fromages *gras,* le séré se trouve en plus grande quantité, et sa qualité est supérieure à celui que l'on obtient après la fabrication des fromages *maigres.* Dans le premier cas, on compte sur 100 livres de lait, environ 2—3 livres de séré.

VI.

LE SUCRE DE LAIT.

Il existe, comme nous l'avons vu, en assez grande quantité, dans le lait; mais, dans les fruiteries, la cuite qui le contient n'a d'importance que pour l'engraissement des porcs, soit que le fruitier l'emploie pour son propre compte, soit qu'il la vende aux paysans, souvent en paiement du bois fourni à la fruiterie. Dans les Alpes et dans les contrées où le bois est à très bon marché, on fabrique le sucre de lait en évaporant, à l'ébullition, la cuite jusqu'à ce qu'il reste un précipité jaune et grenu comme du sable (le sable du sucre ou sucre brut).

Par des cristallisations répétées, on le purifie et on éloigne les sels étrangers. Il entre dans le commerce sous forme de jolis cristaux blancs ou d'un jaune clair. Si le sucre *en solution dans le lait*, contribue à en augmenter la *valeur nutritive*, seul, il a aussi des emplois multipliés, *dans les pharmacies.*

VII.

DE LA CONSERVATION DU LAIT.

Il serait de la plus haute importance, pour l'humanité, qu'on pût conserver, *pendant quelque temps*, le lait qui est un si excellent moyen d'alimentation. L'on a déjà fait, dans ce but, d'innombrables essais.

La seule méthode qui ait réussi jusqu'à présent est de chauffer le lait avec du sucre blanc dans un espace à air raréfié, jusqu'à ce qu'il soit réduit au quart de son volume.

Ce lait, sous forme de sirop *condensé*, se conserve des années entières dans des boîtes de fer-blanc bien soudées; il se dissout, dans l'eau, si complètement, qu'il se forme même de nouveau une couche de crème.

En Suisse, il existe plusieurs fabriques de lait condensé (Cham, Gossau, Düdingen, Louxbourg), et ce genre d'industrie prend toujours plus d'extension.

VIII.

LA TENUE DES LIVRES.

Quand il s'agit d'un *commerce aussi étendu*, aussi important et aussi actif que celui d'une fruiterie, il est nécessaire
que toutes les opérations soient exactement *contrôlées et
inscrites.*

Dans ce but, on fait l'inventaire de tous les meubles et
ustensiles qui se trouvent dans la fruitiere et qui doivent
servir à l'exploitation. Si *l'association fromagère* ou le
fruitier exploitant sont *seulement les locataires* de ce mo-
bilier, la société d'actionnaires, qui a bâti la fruiterie, leur
remet un double de l'inventaire, avec l'obligation de
maintenir tout le matériel en bon état et de remplacer
les ustensiles usés. Si l'association fromagère ou le fruitier
sont *propriétaires*, l'inventaire leur offre la facilité de
contrôler l'emploi du capital dépensé pour ces ustensiles,
et tous les ans ou tous les six mois, à la liquidation des
comptes, on examine les objets d'inventaire et l'on rem-
place ceux qui manquent ou qui sont usés. Il faut avoir
soin d'inscrire dans l'inventaire, avec leur prix d'achat,
tous les ustensiles achetés neufs. *Si le fruitier exploite*
l'industrie *pour son propre compte,* il reçoit du ou des
propriétaires une copie de l'inventaire et il doit remplir
les obligations énoncées plus haut, c'est à dire prouver,
une ou deux fois par an, que les ustensiles, à lui remis,
se trouvent en bon état; dans le cas contraire, il est dans
l'obligation de remplacer ou de payer ce qui manque.

Pour ne pas devoir faire tous les ans un nouvel inventaire,
on peut inscrire les nouveaux achats dans les colonnes de
l'inventaire laissées à côté en blanc et surmontées du chiffre
des années.

Formulaire

Inventaire de l'Association fromagère N***

N°	Nom de l'objet	1870 Pièce	à par pièce Fr.	C.	VALEUR totale Fr.	C.	1871 Pièce	à par pièce Fr.	C.	VALEUR totale Fr.	C.	1872 Pièce	à par pièce Fr.	C.	VALEUR totale Fr.	C.
1	Chaudière, contenant 600 pots	1	610	—	610	—										
2	Baratte	1	40	—	40	—										
3	Baquets divers . . .	40	2	30	92	—	5	2	30	11	50					
4	Brassoire	1	5	—	5	—						1	5	50	5	50

Comme la plupart des objets d'inventaire s'usent avec le temps, il faut déduire, tous les ans, quelque chose de la valeur nominale, pour qu'on ne se trompe pas sur la valeur *réelle* de l'inventaire et qu'en cas de vente, on ne subisse pas une trop grande perte.

La clôture des comptes se fera, *la première année*, de la manière suivante:

Total de l'inventaire 1870	. .	Fr.	Ct. . . .
Valeur en moins 10 %. . .	. .	„	„ . . .
Valeur réelle de l'inventaire .	. .	Fr.	Ct. . . .

Dans les *années suivantes*:

Inventaire 1870	. . .	Fr.	Ct. . . .
Nouveaux achats . . .	. . .	„	„ . . .
Total de l'inventaire 1871	. .	Fr. . . .	„ . . .
Valeur en moins 10 %. . .	. .	„	„ . . .
Valeur réelle	. .	Fr. . . .	Ct. . . .

Pour ce qui est de la tenue des livres d'une fruiterie, il faut d'abord inscrire soigneusement, tous les jours le lait qui se porte au local. Dans ce but, on l'inscrit immédiatement et en présence des porteurs, sur un *tableau-contrôle* appliqué contre le mur du local de la laiterie, *où les porteurs viennent le déposer.* Dans quelques fruiteries, on a, à cet effet, une planche murale noire, avec les noms des fournisseurs de lait; dans d'autres, une feuille de papier placée dans un cadre de bois, suffit pour une semaine. Les fournisseurs y sont indiqués par des chiffres auxquels correspondent leurs noms dans le *Grand-Livre des fournisseurs de lait*. — (Voir, ci-contre. Formulaires I & II.)

Formulaire I.

Nom du porteur	Date			Date		
	Matin Pots ou liv.	Soir Pots ou liv.	Total Pots ou liv.	Matin Pots ou liv.	Soir Pots ou liv.	Total Pots ou liv.
1 Christ Rêber						
2 Pierre Ney						
3 Samuel Jomini						
4 Frédéric Ney						
5 Jean Groux						
6 Jacob Hermann						

Formulaire II.

Du . . . . au . . . .

	N° 1	N° 2	N° 3	N° 4	N° 5	N° 6	N° 7	N° 8	N° 9	N° 10
Dimanche: Matin										
Soir										
Lundi: Matin										
Soir										
Mardi: Matin										
Soir										
&c., &c.										

Tous les soirs ou chaque samedi soir, les chiffres sont inscrits dans le Grand-Livre, où chaque porteur de lait a une grande page in-folio, qui offre un contrôle facile de ce que la société ou l'acheteur de lait doit au porteur au bout de tous les six mois.

Formulaire

GRAND-LIVRE N° 1. (Nom du porteur)

Jour	Novembre Liv. ou pois.	Décembre Liv. ou pois.	Janvier Liv. ou pois.	Février Liv. ou pois.	Mars Liv. ou pois.	Avril Liv. ou pois.
1						
2						
3						
4						
5						
6						
7						
8						
—						
30						
31						
Somme de la livraison mensuelle						

Addition (au bas de la page)	
Mois	**Pois ou livres**
Novembre	
Décembre	
Janvier	
Février	
Mars	
Avril	
Total de la livr. de six mois	

Le Grand-Livre sert de règlement pour les comptes, soit avec les fournisseurs, soit avec les sociétaires. Ordinairement cela a lieu, pour les premiers, tous les trois mois, et tous les six mois pour les seconds. Le fruitier qui travaille pour son compte paie un prix *fixé*, selon une convention, par pot ou par livre de lait; la Société remet à ses membres, après déduction de tous les frais, ce qui leur revient, par pot ou par livre, suivant le compte établi.

Dans le premier cas, le paysan sait exactement et d'avance combien il a à tirer; dans le second cas, la recette dépend de la bonne ou mauvaise fabrication, du prix des produits vendus, &c. Le paysan ne sait alors qu'au bout du semestre, *combien il tire* par pot ou par livre.

Afin que les fournisseurs ou sociétaires puissent voir si leur lait est soigneusement inscrit, et combien on leur doit, on a introduit les *carnets*, où l'on inscrit tous les jours, la quantité de lait porté. Sur le carnet, se trouve le nom du détenteur, et, dans le carnet, il y a une page pour chaque mois.

Formulaire.

Janvier 1875.

Jour	Matin Livres ou pots	Soir Livres ou pots	Total Livres ou pots
1			
2			
3			
4			
5			
30			
31			
		Somme de la livraison mensuelle.	

On a donc, sous les yeux, la somme des livraisons inscrites, *pour un mois*, et l'on peut facilement la comparer avec ce qui est inscrit au Grand-Livre. Sur la dernière page du carnet, se trouve un résumé des inscriptions, par semestre ou par an, de sorte qu'en additionnant ces 6 ou 12 chiffres, on obtient le total de ce que l'on a livré durant *6 ou 12 mois*. Il y a, de plus, quelques feuilles blanches, à la fin du carnet, pour l'inscription de ce que la fruiterie a fourni au porteur, en fromage, beurre, ziger ou séré, petit-lait, &c. En réglant compte, on déduit la somme des produits consommés par le porteur, du montant en argent qui lui est dû. — Il est évident que ces carnets sont d'une haute utilité pour l'agriculteur, qui veut se rendre compte tous les jours des revenus de son bétail et des dépenses de son ménage; il peut, de cette manière, se renseigner, jusqu'à un certain point, sur les résultats de son système d'alimentation, sur le bénéfice de ses soins et le rapport de son bétail, surtout lorsqu'il y inscrit encore le lait qu'il emploie pour son ménage. A la fin du carnet se trouvent souvent les statuts de la société. Dans les associations fromagères, le convenant mutuellement consenti, entre l'acheteur et le fournisseur ou vendeur de lait, est conçu comme suit:

CONTRAT
pour la livraison du lait.

1° Chaque fournisseur s'engage à porter, dans la fruiterie, tout le lait provenant de ses vaches, sauf celui qui lui est nécessaire pour son ménage. (Les exceptions ne peuvent avoir lieu qu'avec le consentement de l'acheteur.)

2° Il faut porter le lait à la laiterie deux fois par jour: en été, de 6 ½ heures à 8 heures, le matin, et de 7—8 heures le soir; en hiver, de 7—8 heures, le matin et le soir.

3° Le fournisseur subit pour chaque retard une déduction de 1—2 cent. par pot.

4° Il ne doit fournir, à l'acheteur, que du lait pur, non mêlé et non écrémé, fraîchement trait, et très propre.

5° *Il est défendu de porter:*

a) Le lait de vaches prêtes a faire le veau, de vaches qui sont malades ou qui donnent un lait salé (*fort*).

b) Le lait de vaches qui viennent de vêler. Ce lait ne peut être porté qu'à la fin du 3° ou du 4° jour.

6° Il est interdit de donner aux vaches des feuilles de vigne, des pommes de terre malades, des feuilles de pomme de terre, le résidu de la distillerie des pommes de terre, et du petit-lait.

7° Chaque fournisseur doit porter son livret à la fruiterie tous les jours (ou tous les dimanches), pour que le fruitier y inscrive le lait porté.

8° Les plaintes concernant la livraison du lait seront soumises à un examen minutieux et au jugement de la commission de la fruiterie, qui s'adjoindra l'acheteur.

Ceux-ci auront, dans tous les cas, le droit de s'assurer par tous les moyens possibles, si les plaintes sont fondées ou non, et chaque fournisseur devra se soumettre à leur décision.

9° Celui qui ne fournit pas le lait d'après la convention, lors même qu'il n'aurait pas été falsifié, sera passible d'une amende de 5—10 fr., et celui qui aura porté du lait falsifié, d'une amende de 40—300 fr.

Il est dans la compétence de la commission de fixer l'amende pour chaque cas de contravention, conformément à la grandeur de la perte subie, et les réclamations contre cet arrêt ne pourront être admises.

10° Le prix est fixé d'un commun accord pour le semestre courant à . . . . . centimes le pot ou la livre; le paiement se fait tous les trois mois (tous les mois).

11° Les fournisseurs de lait ont la préférence pour l'achat du petit-lait, ou:

On leur remet le petit-lait tous les jours en proportion de . . . . . pour chaque pot de lait fourni.

12° Celui qui n'observe pas la plus grande propreté dans les ustensiles qui lui servent à contenir ou à apporter son lait, est passible d'une amende de 2—5 fr.

Il est nécessaire que les articles, 21, 22, 26, 27 et 30 du règlement général, qui suit plus loin, se trouvent dans chaque livret. D'après le même règlement, le secrétaire de la fruiterie, doit tenir un livre à côté de celui que tient le fruitier, pour inscrire le lait porté chaque semaine.

Dans les sociétés de fruiterie, il se vend tous les jours du lait et des produits de lait pour le compte de la société, et l'on tire tous les jours de l'argent comptant. Dans les fruiteries, tenues par un fruitier, l'acheteur du lait n'exploite pas toujours lui-même, mais confie le travail à des fruitiers engagés par lui; il faut donc, pour pouvoir contrôler exactement la marche de l'industrie lors même qu'il exploite lui-même, qu'il connaisse la somme des produits et la recette en argent comptant, c'est pourquoi l'on tient, dans les deux espèces de fruiterie, des *Livres de vente.* Dans les sociétés de fruiterie, le fruitier engagé par elles remet tous les sept jours, au caissier, la recette qu'il inscrit *dans le Livre de caisse* qui est tenu comme les livres de caisse ordinaires.

Formulaire

LIVRE DE VENTE

Jour	Mois	Lait		Fromage		Beurre		Séré		Petit-lait		RECETTES par produit		RECETTES par jour	
		L. (pots)	à c.	Liv.	à c.	Liv.	à c.	Liv.	à c.	Pots	à c.	Fr.	C.	Fr.	C.
1	Janvier					10	120	8	10			12	—	12	80
»	»	30	8	20	70					200	2	—	80		
2	»											2	40		
»	»											14	—	20	40
»	»											4	—		
31															
	Somme....														

Dans ce formulaire, on voit, non seulement, la recette du jour, mais on peut aussi contrôler la vente des *différents* produits, de sorte qu'à la fin de chaque semestre (année) on peut voir, à côté de *la vente en gros,* ce qu'on a vendu *en détail,* livre par livre, de beurre et de fromage, &c. Il est opportun d'appliquer, dans les grandes fruiteries, une planche noire sur laquelle on marque provisoirement, d'après les mêmes rubriques que dans les formulaires, les produits vendus; et, le soir, on additionne les différentes colonnes, pour les transcrire dans le livre de vente et les comparer avec la recette.

Dans les associations fromagères, le caissier rend, régulièrement, tous les six mois, un *compte général* dont voici un échantillon:

A. Recettes.

1° Recette de la vente en détail.
2° Recette pour le beurre, vente en gros.
3°　　„　　　„　　fromage, „　　„
4°　　„　　　„　　séré　　„　　„
5°　　„　des lavures (rebuts).
6° Divers.

B. Dépenses.

1° Prix de loyer pour la fruiterie et les ustensiles.
2° Bois à brûler.
3° Dépenses pour domestiques et ouvriers.
4° Matériel (sel, caillettes, &c.)
5° Frais d'administration.
6° Divers.

C. Bilan.

La Recette en lait (après déduction de tous les frais), est répartie, entre les fournisseurs, sur un *tableau* qui sert en même temps de reçu pour l'administration, parce que chaque intéressé a acquitté, dans une colonne *ad hoc,* du tableau, le montant reçu.

On ajoute ordinairement au *compte-général* un rapport où l'on indique :

1° Les changements survenus dans *le personnel des fournisseurs.*

2° Le commencement et la fin de la fabrication dans la saison.

3° Un aperçu des *produits fabriqués.*

4° Comparaison de la *quantité de lait* fournie avec celle du précédent semestre.

5° Comparaison de la fabrication *du fromage et du beurre, des frais,* du *produit net* du semestre courant avec le précédent, dans son ensemble et par pot de lait.

Dans une fruiterie *bien ordonnée,* il faut donc qu'il y ait les livres et les contrôles suivants :

1° Un livre d'inventaire.

2° Des tableaux de lait pour chaque jour.

3° Un livre où les fournisseurs ont chacun leur page.

4° Des livrets.

5° Un livre de vente.

6° Un livre de caisse.

7° Compte général (tous les six mois, ou tous le ans).

A côté de cette tenue des livres, purement commerciale, il est nécessaire de bien se rendre compte du *rendement* des fruiteries et des *frais de fabrication.*

Il faut être à même de répondre exactement aux deux questions suivantes :

I. *Que rapporte le lait?*

II. *Que coûte l'exploitation d'une fruiterie?*

La grande extension que prennent les fruiteries chez nous et la concurrence toujours plus croissante de l'étranger, doivent nous engager à soumettre ces deux points à un examen scrupuleux.

Pour pouvoir répondre à la première question, il est de toute nécessité de chercher, tous les ans, les *chiffres moyens* des prix de la fabrication pour les différents produits :

1° Combien de livres (pots) de lait la fruiterie emploie-t-

7

elle *pour une livre de fromage gras* (Emmenthal, Gruyère, &c.) ?

2° Combien de livres (pots) pour une livre de *fromage mi-gras?*

3° Combien de livres (pots) pour une livre de *fromage maigre?*

4° Combien de livres (pots) de lait pour *une livre de beurre de crème?*

5° Combien de livres (pots) de lait pour *une livre de beurre blanc?*

6° Combien de livres (pots) de lait pour *une livre de séré?*

Lorsqu'on connaît les frais de fabrication, les prix de la marchandise fabriquée et le temps mis à l'écoulement des produits, ces chiffres nous fournissent un aperçu *comparatif* des frais de fabrication *des divers produits*:

Fabrication de fromage gras, — de beurre blanc — de séré.

" " mi-gras, de beurre de crême et de beurre blanc.

" " maigre, de beurre de crême.

Pour connaître exactement les frais de *fabrication* (question II) il faut bien séparer les diverses dépenses de *B*, ce qui permet de calculer jusqu'aux moindres détails, la consommation du bois à brûler, de sel, de caillettes, &c., par quintal de lait, ainsi qu'à la fin de l'année ou du semestre, le *total des frais* pour un quintal de lait. De cette manière, on découvre facilement les fautes commises dans la consommation.

Il est évident qu'une comparaison, à l'égard des frais de fabrication de différentes fruiteries dirigées d'après un plan commun, serait très utile, très avantageuse et contribuerait beaucoup à l'avancement de ces établissements (statistique fromagère).

Nous insistons encore une fois énergiquement pour que les fruitiers aient *quelques notions* de la Tenue des Livres, soit qu'ils exploitent pour leur propre compte ou pour celui d'un particulier (acheteur de lait), ou d'une société. On l'exige tous les jours davantage et l'on paie le fruitier en conséquence. On donne la préférence et des gages bien plus élevés à un fruitier qui, non seulement fait de bon beurre et de bon fromage, mais sait aussi tenir les livres en règle.

La *Tenue des Livres* est d'ailleurs d'une très haute importance pour les intéressés, car:

1° Elle leur fournit l'occasion de s'assurer chaque jour de la marche de tout le travail.

2° Les *aperçus comparatifs* de la fruiterie (la statistique) sont la pierre de touche de l'industrie fromagère. Ils font voir si elle avance ou recule; comme ils montrent aussi les inconvénients auxquels il faut remédier.

3° Le paysan sait, par son livret, combien de lait il fournit tous les jours; s'il a de bonnes ou mauvaises vaches laitières, si elles sont bien nourries, &c. — La rivalité, entre voisins, est un stimulant puissant qui pousse à *l'amélioration* des races de vaches laitières; elle engage les propriétaires à se procurer des valets qui prennent à cœur de traire soigneusement et de nourrir le bétail dans les règles, qui sont dévoués en un mot à la *prospérité* de l'exploitation agricole de leur maître et à l'éducation de leur bétail.

4° En méditant sur son métier et le résultat des produits de son travail, le fruitier fait des progrès dans la fabrication et apprend l'économie pour son propre compte.

IX.

RÈGLEMENT NORMAL D'UNE FRUITERIE [22].

Aussi longtemps que les statuts des sociétés, exploitant les fruiteries pour leur propre compte, n'étaient pas soumis à l'autorisation de l'Etat, il y avait toujours de nombreux différends et des procès, provoqués surtout par les fournisseurs qui falsifiaient le lait ou qui le livraient sale et nuisible à la fabrication du fromage. Comme il en résultait presque toujours des difficultés, pour fixer le prix des dommages-intérêts à payer, on sentit le besoin d'établir un *règlement normal*, avec l'autorisation de l'Etat.

La *Société d'économie agricole* du Canton de Berne a eu le grand mérite de résoudre cette question, pour son canton, ainsi que la *Société d'agriculture* du canton de Fribourg pour le sien. Nous communiquons, in extenso, le règlement normal bernois, qui est basé sur la loi de l'Etat de Berne sur les *Sociétés d'actionnaires*. Nous fournirons ainsi, aux sociétés qui vont se former, ou à celles qui veulent réviser leurs statuts, quelques *principes* de constitution dont elles pourront tirer profit, d'après les circonstances locales dans lesquelles elles pourront se trouver.

———————

Les citoyens du village N. N, sont convenus de fonder une fruiterie sur les bases de la loi sur les sociétés par actions (Sociétés d'actionnaires), du 27 novembre 1870, art. 46, en vertu de laquelle des modifications, pour les fruiteries par actions, sont admissibles, et ils ont arrêté le convenant et le règlement suivants :

ART. 1er. *But, nom, domicile et commencement de l'Association.*

La Société porte le nom de fruiterie N. N. Son siège est à N. N.

La durée de la Société est de . . . . (10 années).

Le commencement de la Société est fixé au 1er mai 187..., époque à laquelle les actions doivent avoir été payées.

ART. 2. *Du Capital-Actions.*

Le capital des actions est de fr. . . . . Il peut être augmenté, lorsque de nouveaux membres désirent participer à l'association.

Le capital des actions est destiné à l'achat des bâtiments et des ustensiles nécessaires à l'exploitation.

Ou, si la Société ne possède pas de bâtiments) :

Le capital est destiné à l'achat des objets nécessaires à l'exploitation.

ART. 3. *Des Actions*.

Les actions sont faites au nom des porteurs.

Le montant de chaque action et de fr. . . . . Le nombre de la première émission d'actions s'élève à . , . .

On tient un registre des propriétaires d'actions.

ART. 4. *Des conditions à remplir pour prendre des Actions*.

Lorsqu'une Société se forme, celui qui veut en être membre est obligé de prendre un nombre d'actions égal à celui de ses vaches, et de garder ce nombre d'actions pendant la durée du concordat. (On peut aussi fixer les conditions d'une autre manière, cela dépend des circonstances.)

Tous ceux qui deviennent membres de la Société, après sa fondation, ont les mêmes obligations. On compte aux fermiers les actions de celui qui leur a affermé.

ART. 5. *De la transmission des Actions*.

Un porteur d'actions ne peut les transmettre à *qui que ce soit*, pendant la durée de la convention, sans le consentement de la majorité des membres de l'assemblée.

Si, par héritage, par mariage ou liquidation juridique (faillite) d'un porteur d'actions, une action devient la propriété d'une tierce personne, la Société a le droit de la racheter pour sa valeur nominale.

La Société ne reconnaît le détenteur d'une action transmise (cédée), comme propriétaire légitime, que lorsqu'elle aura eu connaissance de la *cession* et que le nouveau détenteur aura été inscrit dans le livre d'actions.

Si la Société, dix jours après qu'elle a eu connaissance de la transmission de l'action à un nouveau détenteur (porteur), n'a pas fait usage de son droit de rachat, on suppose qu'elle y a renoncé.

La Société est obligée de les racheter à leur valeur nominale.

ART. 6. *Des Versements retardataires.*

Celui qui, après sommation préalable, ne s'acquitte pas de son action au bout de 15 jours, paie une amende de fr. . . .

ART. 7. *Des Fournisseurs* (Porteurs) *de lait sans actions.*

La Société peut dispenser les porteurs de lait de l'obligation de prendre des actions (des fermiers, des vachers, &c.) et imposer d'une finance, cas échéant, le lait qu'ils apportent à la laiterie. Ces porteurs-là ne participent pas aux biens de la Société et n'ont aucun droit de suffrage (dans les affaires qui concernent les propriétés de la Société).

ART. *Les actions rapportent le* 4, 5, 6 p. °/₀ du produit net de la fruiterie.

ART. 9. *Du droit de suffrage.*

Dans les discussions qui concernent l'exploitation de la fruiterie, on vote par tête. Dans les discussions concernant le capital des actions, chaque actionnaire peut demander qu'on vote par actions. Les fermiers représentent ordinairement les actions de ceux qui leur ont affermé. Les actionnaires peuvent se faire remplacer lorsque la Société n'y met point d'opposition.

Les porteurs de lait, sans actions, n'ont pas droit de vote pour ce qui concerne les biens de la Société.

ART. 10. *De l'obligation des Sociétaires vis-à-vis du Règlement.*

Chaque porteur d'action s'engage, par le fait de sa souscription et de la détention d'actions, et le porteur par le lait qu'il porte, à reconnaître la force de loi du règlement et des décisions règlementaires de la Société.

ART. 11. *De l'obligation forcée d'accepter la gestion.*

Les détenteurs d'actions et les fournisseurs de lait, ont l'obligation d'accepter la gestion qui leur est imposée (pour une période déterminée). Dans ce cas, les fermiers prennent la place de celui qui leur a affermé.

ART. 12. *De la responsabilité pour les enfants
et les domestiques.*

Celui qui fournit du lait à la Société est responsable des
contraventions au règlement, qui sont commises par ses
enfants et ses domestiques.

ART. 13. *De l'Assemblée des actionnaires.*

La Société s'assemble lorsque le Président la convoque
ou que trois membres le demandent. Les membres sont
avertis, au moins, un jour à l'avance.

Pour prendre une décision valable, il faut que la moitié
(le tiers, le quart) de tous les membres soient présents ou re-
présentés.

Pour apporter des modifications au règlement, ou pour
dissoudre la Société, il faut les deux tiers de toutes les voix,
et pour en exclure un membre, il faut les deux tiers de tous
ceux qui ont droit de vote. Les objets à discuter doivent
être indiqués d'avance, sur la carte de convocation.

Pour les votes, la majorité des votants présents décide, et
les absents ont à se soumettre aux décisions de la majorité.
Lorsqu'il y a égalité de voix, le président décide. Celui qui,
sans excuse motivée, n'assiste pas à une assemblée, ou qui
vient trop tard, ou la quitte avant que le procès-verbal soit
dressé, est passible, pour la première fois, d'une amende
de fr. . . . , pour la deuxième et troisième fois de fr. . . .
sommes fixées par la Société.

On dresse un procès-verbal des débats, dont on donne
lecture à la fin de la séance. Le procès-verbal adopté est
signé par le Président et le Secrétaire.

ART. 14. *Des droits de l'Assemblée.*

L'assemblée nomme ses employés et le fruitier. Elle passe
les comptes.

Elle décide de la reception et de l'exclusion des membres.

C'est elle qui décide quand il faut commencer à faire du
fromage, et s'il faut commencer par la fabrication du fromage maigre ou gras ; combien de fois par jour il faut faire

du fromage, et combien de fois par semaine il faut faire du séré.

Elle ratifie le convenant avec le fruitier et les marchés faits en grand.

Elle nomme les personnes chargées de la vente des fromages (les experts).

Elle fixe les traitements des gérants.

Elle décide des constructions, des réparations à faire et de l'achat de nouveaux ustensiles, quand ils dépassent la valeur de fr. . . . .

Elle décide, dans les cas de contravention au règlement, de l'application des articles règlementaires.

Elle décide des modifications à apporter aux statuts.

Elle décide de tous les objets qui surpassent la compétence des gérants et que les gérants présentent.

L'assemblée décide, de la continuation de la Société à l'expiration de sa durée règlementaire, ou de la dissolution, avant l'expiration de la durée fixée.

Autre rédaction.

L'assemblée décide de tous les objets dont l'expédition n'est pas déférée aux gérants par le règlement et les décisions de la Société.

ART. 15. *Des Gérants.*

Le Président, le caissier, le secrétaire et les experts pour éprouver le lait, sont chargés de la gestion de la Société.

ART. 16. *De la durée de leurs fonctions.*

La durée de la gestion est d'une année (facultativement).

Les gérants sont élus au scrutin secret.

Les gérants ne sont pas obligés d'accepter une réélection.

A la demande de la Société, les gérants peuvent être assermentés par le préfet.

Le Secrétaire peut être choisi en dehors de la Société.

ART. 17. *De la compétence des Gérants.*

Pour les dépenses courantes, on accorde au Président et au caissier une compétence de fr. . . . .

ART. 18. *Du Président.*

Le Président est chargé de l'inspection générale de la
marche de l'administration et en particulier :

1° Il convoque la Société ou le Conseil d'administration,
   lorsque les affaires l'exigent, ou que le nombre
   prescrit des membres le demande.

2° Il préside les séances, dirige les débats, décide lorsqu'il
   y a égalité de voix, signe le protocole et les con-
   trats de la Société.

3° Il exécute les décisions de la Société et du Conseil
   d'administration, à moins qu'un autre n'en soit
   chargé, et il en est responsable.

4° Il représente ordinairement la Société devant le public.

5° Il veille à la propreté de la fruiterie et à ce que le
   fruitier remplisse consciencieusement les devoirs
   qui *lui sont imposés par le Règlement.*

6° Il a l'inspection des bâtiments et des immeubles que
   son prédécesseur lui a remis, d'après l'inventaire.

7° Il doit être présent à l'épreuve du lait ; il peut, cas
   échéant, en ordonner l'épreuve, et il a l'obligation
   de donner connaissance à la Société du résultat de
   cet essai.

8° Si le Président est en même temps caissier, il peut
   charger quelqu'un d'autre de la comptabilité, toutefois sous sa responsabilité, mais c'est lui qui
   doit tenir la caisse.

ART. 19. *Du Caissier.*

Il reçoit l'argent et paie les dépenses que font la Société
et les gérants, dans les limites de leur compétence.

Il effectue, aux membres, les paiements, d'après les
décisions de la Société.

Il est responsable de l'argent rentré.

Quand les fonctions du Président sont expirées, il fait,
avec le secrétaire, l'inventaire des biens (Effets mobiliers
de la Société).

ART. 20. *Du Secrétaire.*

Le secrétaire dresse le procès-verbal des séances de la Société, et il est chargé de la Tenue des Livres. Il a, en outre, à exécuter les ordres du Président.

ART. 21. *Des Experts* (Jurés qui éprouvent le lait).

Ils ont l'obligation de se rendre, à des intervalles fixés et à la demande du fruitier, dans la fruiterie, pour examiner si les ustensiles des fournisseurs sont propres; pour éprouver le lait, d'après les préceptes du règlement, et pour donner consciencieusement leur préavis sur la marche de l'établissement. (Tous les fournisseurs doivent se soumettre à leur jugement.)

ART. 22. *Du Fruitier.*

Les fonctions du fruitier sont:

De maintenir la fruiterie et les ustensiles servant à la fabrication du fromage, dans un état de propreté irréprochabe.

De prendre, aux fournisseurs, tout de suite leur lait, de le peser consciencieusement et de l'enregister immédiatement.

Il doit voir, avant tout, si le lait a été porté dans des ustensiles propres; s'il est pur et à l'épreuve, et il doit dénoncer à l'instant, à qui de droit, le lait suspect.

Il doit faire impartialement la répartition du lait de fromage et du petit-lait; avoir soin des bâtiments et des meubles; ne pas tolérer, dans la fruiterie dont il est responsable, des actions contraires au règlement de police, et de ne pas s'absenter sans l'autorisation du président.

Toutes les autres obligations sont réservées dans le convenant avec le fruitier. Il est interdit à chaque sociétaire, sous une amende de fr.... de faire un cadeau quelconque au fruitier ou à ses parents.

ART. 23. *De la Tenue des Livres.*

Le fruitier doit inscrire sur le tableau, en présence de chaque fournisseur, le lait qu'il apporte, et le transcrire tous les jours dans le Journal des livraisons de lait.

Le secrétaire doit examiner toutes les semaines (ou tous

les mois) le Journal des livraisons, pour faire la transcription, dans son *Livre du lait*.

Le Livre du lait du secrétaire et le Journal du fruitier doivent être présentés à chaque fournisseur, s'il le demande.

Le fruitier est dans l'obligation d'inscrire, en détail, la recette de chaque jour et de la transmettre, à la fin de la semaine, au Caissier, avec le tableau de vente.

Il faut inscrire les recettes et dépenses courantes dans le Livre de caisse, tenu d'après les règles fixées. Ce Livre a la force de loi d'un Grand-Livre. Le secétaire rédige le compte général.

ART. 24. *Du Livre d'inscription des actions.*

Le secrétaire tient le Livre des actions, dans lequel, comme sur l'action elle-même, il faut inscrire le nom, le domicile et le métier de chaque propriétaire d'action, ainsi que celui de chaque ayant-droit, reconnu par la Société. En outre, il inscrira le montant, le nombre et les numéros d'ordre des actions.

Le Caissier (le Président) est chargé de l'inventaire des biens de la Société.

ART. 25. *Du Rendement des Comptes.*

Le compte est bouclé, dès le jour où, au printemps, la fabrication du fromage gras recommence.

(Dans certaines contrées, il n'y a qu'un compte général, tandis que dans d'autres, il y a un compte d'hiver et un compte d'été.)

L'assemblée nomme deux membres qui examinent les comptes et font rapport. Dans chaque compte doit être indiqué l'état de fortune de la Société.

Quand, du produit brut, on a soustrait les frais d'exploitation, on porte au crédit de chaque fournisseur ce qui lui revient.

ART. 26. *De la Livraison du lait.*

Le lait doit être fourni frais, naturel et non écrémé, le soir et le matin, aux heures fixées par l'assemblée. Le lait

fourni trop tard peut être refusé, ou le fournisseur condamné
à l'amende, pour le retard.

Il est interdit à chaque fournisseur de vendre de son
lait, sauf la quantité que le fermier doit fournir à son
propriétaire ou aux ménages de sa maison.

Chaque contravention est passible d'une amende.

Il est de plus interdit à chaque fournisseur d'acheter des
veaux pour les engraisser; chaque contrevenant paie fr. . .
de dommages-intérêts.

Si un fournisseur discontinue à dessein de couler son lait,
il paie un dédommagement de fr. . . . .

ART. 27. *Du lait impur et de mauvaise qualité.*

On regarde comme impur tout lait porté dans des ustensiles malpropres ou provenant d'une vache qui a vêlé seulement depuis sept jours, un le lait d'une vache qui souffre
d'une maladie générale (surlangue) ou d'une maladie de la
tétine; en outre, du le lait provenant de deux traites; ou du
lait de vache mélangé avec du lait de chèvre, ou contenant
des globules de sang.

Le lait doit être refusé si, après avertissement, le fournisseur ne porte pas son lait dans les conditions prescrites; il
est condamné à discontinuer jusqu'à ce qu'il soit prouvé que
son lait est complètement sain et propre à la fabrication du
fromage. Celui qui fournit du lait de mauvaise qualité et
malpropre, est responsable du dommage qui en résulte.

S'il a fourni du lait mal conditionné et que le fromage
ait été gâté le même jour, il est forcé de se charger du
fromage et de le payer au même prix que le bon.

ART. 28. *Du lait falsifié.*

On regarde, comme falsifié, le lait qui a été mélangé
avec l'eau où d'autres matières étrangères.

Après l'expertise du lait et ensuite du rapport des experts
si la Société regarde la falsification comme positive, elle a
le droit de se faire payer complètement le dommage.

L'assemblée peut autoriser les gérants:

Ou de prélever les pertes qu'elle a subies sur la quote-part du revenant-bon du coupable; de lui imposer, en outre, un dédommagement de fr. 50—100, et de l'exclure de la Société (dans ce cas il faut le relever de ses actions);

Ou de retirer, au complet, sa quote-part d'intérêts et de l'exclure de la Société (en rachetant ses actions);

Ou de faire rentrer, comme dédommagement, pour la Société ou pour son propre compte, les actions du coupable;

Ou, si le coupable reste actionnaire, de lui interdire l'introduction de son lait dans l'exploitation.

Si un fermier se rend coupable de falsification, cela n'a aucune influence sur les actions de son propriétaire.

Dans de semblables discussions, les parents de sang ou d'alliance, au premier, second et troisième degré, ne peuvent assister aux débats.

ART. 29. *De l'Essai du lait.*

Si les experts trouvent du lait de mauvaise qualité, ou falsifié, ou s'il leur a été rapporté qu'on a porté du lait suspect, il leur incombe de l'examiner d'abord, et, s'ils le jugent nécessaire, ou que le Président le leur ordonne, ils doivent surveiller la traite, chez celui qui a porté le lait suspect, ou se charger eux-mêmes de la traite.

Si les experts, par la comparaison du lait porté avec celui qui est trait sous leur surveillance, ont acquis, soit en l'éprouvant, soit d'une autre manière, la conviction qu'une falsification a eu lieu, on applique au fournisseur coupable, les articles du règlement.

Les Experts ont droit de s'adjoindre deux ou trois témoins neutres (en dehors de la Société). Ils communiquent, à l'assemblée, le résultat de leur examen.

ART. 30. *De l'Arbitrage.*

Si le sociétaire, condamné pour falsification ou pour tout autre contravention au règlement, à un dédommagement ou à une amende, ne veut pas se soumettre aux décisions de la Société, il peut exiger un arbitrage.

Dans ce but, le Président du tribunal nomme trois arbitres, qui jugent si le procédé observé et la décision de la

Société sont conformes au règlement. S'ils trouvent que le procédé n'est pas légal et que les décisions prises sont contraires au règlement, ils les cassent et règlent ce qui est en litige. L'assistance des avocats ou d'autres personnes de loi est interdite.

Dans les questions en litige, on applique les mêmes articles que dans les cas de procédure civile.

Si le fournisseur en question, n'en appelle pas à l'arbitrage, le dixième jour après qu'il a eu connaissance de la décision de la Société, il est censé y avoir renoncé.

ART. 31. *De la Solution des différends.*

Tous les différends qui surgissent entre la Société et les membres, ou les fournisseurs de lait, pendant la durée de l'association ou à sa dissolution, sont jugés, sans recours, par des arbitres.

ART. 32. *De la Dissolution de la Société.*

La dissolution de la Société a lieu:
1° Lorsque le terme convenu est expiré;
2° Lorsque les deux tiers de toutes les voix, comptées par actions, décident la dissolution de la Société avant le terme fatal;
3° Lorsque la Société fait faillite.

La liquidation se fait par la Société elle-même. (Loi sur l'organisation des Sociétés par actions).

ART. 33. *De l'Approbation du Règlement.*

Le règlement ci-dessus doit être publié dans la *Feuille officielle* et sanctionné par le gouvernement compétent. Mais si l'effet du règlement est arrivé au terme fixé, et que la Société décide de continuer l'exploitation de la fromagerie, avec le même règlement, une publication nouvelle et une approbation ultérieure, ne sont plus nécessaires.

NOTES

———

(1) Pièce dans laquelle on fait les fromages. Ce local renferme, suivant les cas, les moules, la presse à fromage, le fourneau pour la cuisson, les séchoirs, &c. POURIAU, *La Laiterie.* p. 24.

(2) Pièce dans laquelle on apporte le lait, on laisse monter la crème et on coagule le caseum pour faire le fromage. POURIAU, p. 24.

(3) Pièce spéciale, où on transporte les fromages dès qu'-ils ont acquis, sous l'influence de la presse, le degré de fermeté et d'affaissement nécessaires. POURIAU, p. 275.

(4) De plus amples détails sur les presses et la manière de calculer le poids de pression se trouvent dans l'écrit: *Verbesserte Kœsepressen.* Presse à fromages perfectionnées, par R. SCHATZMANN, J.-J Christen, Aarau, 1 fr.

(5) Le mot degré s'écrit par un petit ° à droite et au-dessus du chiffre qui les désigne. (Température du sang de l'homme et des mammifères 40° C.) Le signe + sert à distinguer les degrés supérieurs à la glace fondante et le signe — les degrés inférieurs. Les différentes échelles ther-

mométriques sont indiquées par les lettres R. (Reaumur), C. (Celsius) et F. (Fahrenheit) : + 5° R. signifie donc : 5 degrés de chaleur d'après l'échelle de Réaumur, — 2° C. 2 degrés de froid d'après Celsius ou l'échelle centigrade.

(6) Un thermomètre coûte de 2 fr. 50 à 3 fr.

(7) Il est ordinairement neutre aux couleurs végétales (papier de tournesol bleu et rouge), c'est à-dire qu'il ne les transforme pas du tout ou très faiblement suivant les circonstances.

(8) Essai : 100 livres de foin réparties quotidiennement entre 8 vaches, produisirent du lait pour fr. 0, par vache fr 0 ; — 100 livres de foin réparties quotidiennement entre 6 vaches produisirent annuellement pour fr. 371 de lait, soit frs. 63 par vache ; — 100 livres de foin réparties quotidiennement entre 4 vaches produisirent pour fr. 732 de lait, soit pour fr. 185, 50 par vache. En donnant régulièrement 3 ¹/₂ livres de foin par 100 livres de l'animal vivant et en comptant le lait à 15c., on obtient, pour 4 pots de lait par jour, 219 fr., pour 5 pots 273, 70 c. En donnant une nourriture plus abondante et plus substantielle, on a obtenu même de 300 à 400 fr.

(9) La cendre du lait contient des chlorures, des phosphates, des carbonates et des sulfates de potasse, de soude, de chaux et de fer. Le lait contient, en outre, des matières secondaires, telles que de la Lactoprotéine et d'autres.

(70) Les analyses chimiques du lait de vaches varient extrêmement sur les quantités relatives des matières qui le constituent, de sorte qu'il n'y pas de lait normal.

(11) Nous suivons, ici surtout, la description du Docteur Fleischmann : *Le lait de vache*. Lindau, chez Ludwig, 1872.

(12) Essais du Docteur Goppelsrœder :

Avec ⁴/₁₀ pour cent de soude il ne s'opère, en chauffant, aucun changement ; avec ⁸/₁₀ pour cent, le lait prit une couleur jaune prononcée ; avec 2 ¹/₂ pour cent, une couleur jaune-brun et avec 3 pour cent, une couleur jaune-brun prononcée avec formation d'un précipité floconneux jaune-brun.

(13) *Directions pour éprouver le lait de vaches*, du Docteur Ch. MULLER, pharmacien à Berne, II. Edition.

(14) *Prix de l'appareil tout entier*, composé des trois instruments avec la brochure, 13 fr. (11 fr. lactodens. en verre)

Lactodensimètre seul, en laiton Fr. 5 — en verre Fr. 3
Crêmomètre seul, „ 4 50
Thermomètre seul, „ 2 50

(15) La fabrication du *lait condensé*, dont nous parlerons plus tard, exige des frais d'établissement très considérables.

(16) Sont en vente: chez MM. Fontannaz-Monnier, à Cossonay (Vaud); Rœlli, à St-Gall (sur la Place de la Porte); Samuel Wittwer, à Neftenbach, près Winterthour.

17) On peut s'en procurer chez M. Fontannaz-Monnier, à Cossonay (Vaud); M- Rœlli, à St-Gall.

(18) On n'y fabrique pas de grandes pièces et leur forme est haute et cylindrique.

(19) La rapidité de la maturation de ces fromages dépend de leur petit volume et du peu de chaleur qu'on a employé dans la fabrication.

(20) Voici des chiffres plus rigoureux:
M. le major Roth, à Wangen (Berne), compte sur 100 livres de lait non écrémé, 5 1/2 à 6 livres de fromage maigre, en hiver.
M. le professeur Wilhelm, à Gratz, sur 100 livres de lait non écrémé, 8,93 livres ce fromage gras (d'Emmenthal); sur 100 livres de lait écrémé et de lait de beurre, 8,81 livres de fromage gras (d'Emmenthal) en été. M. Bœttger, sur 100 livres de lait non écrémé, de 9 à 11 livres de fromage gras: sur 100 livres de lait moitié écrémé, de 8 à 9 livres de fromage gras; sur 100 livres de lait écrémé, de 5 à 6 livres de fromage maigre; sur 100 livres de lait de brebis, de 10 à 15 livres de fromage gras; sur 100 livres de lait de chèvres, 6 livres de fromage gras.
En Angleterre, on emploie 11 livres de lait non écrémé pour fabriquer 1 livre de fromage gras; dans les fruiteries de ce pays, de 9 à 10 livres de lait non écrémé, &c.

8

(21) Le beurre blanc contient, dans cent livres, 18,54 livres de graisse et 1,25 livre de caseum. D'après le contenu en graisse, si la livre de crême

vaut 80 c., la livre de beurre blanc devrait coûter 73,08 c.

"	90	"	"	"	"	82,22	"
"	100	"	"	"	"	91,35	"
"	110	"	"	"	"	100,49	"
"	120	"	"	"	"	109,62	"
"	130	"	"	"	"	118,76	"
"	140	"	"	"	"	127,90	"
"	150	"	"	"	"	137,03	"

(22) Fruiterie ou *Fromagerie*.

TABLEAU DE CORRECTION POUR LE LAIT ÉCRÉMÉ.

Température du lait en degrés centigrades.

Degrés du lactodensimètre.	0	1	2	3	4	5	6	7	8	9	10	11	12	13	14	15	16	17	18	19	20	21	22	23	24	25	26	27	28	29	30
18	17,2	17,2	17,2	17,2	17,2	17,3	17,3	17,3	17,3	17,4	17,5	17,6	17,7	17,8	17,9	18,0	18,1	18,2	18,4	18,6	18,8	18,9	19,1	19,3	19,5	19,7	19,9	20,1	20,3	20,5	20,7
19	18,2	18,2	18,2	18,2	18,2	18,3	18,3	18,3	18,3	18,4	18,5	18,6	18,7	18,8	18,9	19,0	19,1	19,2	19,4	19,6	19,8	19,9	20,1	20,3	20,5	20,7	20,9	21,1	21,3	21,5	21,7
20	19,2	19,2	19,2	19,2	19,2	19,3	19,3	19,3	19,3	19,4	19,5	19,6	19,7	19,8	19,9	20,0	20,1	20,2	20,4	20,6	20,8	20,9	21,1	21,3	21,5	21,7	21,9	22,1	22,3	22,5	22,7
21	20,2	20,2	20,2	20,2	20,2	20,3	20,3	20,3	20,3	20,4	20,5	20,6	20,7	20,8	20,9	21,0	21,1	21,2	21,4	21,6	21,8	21,9	22,1	22,3	22,5	22,7	22,9	23,1	23,3	23,5	23,7
22	21,1	21,1	21,1	21,1	21,2	21,3	21,3	21,3	21,3	21,4	21,5	21,6	21,7	21,8	21,9	22,0	22,1	22,2	22,4	22,6	22,8	22,9	23,1	23,3	23,5	23,7	23,9	24,1	24,3	24,5	24,7
23	22,0	22,0	22,0	22,0	22,1	22,2	22,3	22,3	22,3	22,4	22,5	22,6	22,7	22,8	22,9	23,0	23,1	23,2	23,4	23,6	23,8	23,9	24,1	24,3	24,5	24,7	24,9	25,1	25,3	25,5	25,7
24	22,9	22,9	23,0	23,0	23,0	23,1	23,2	23,2	23,2	23,3	23,4	23,5	23,6	23,7	23,8	24,0	24,1	24,2	24,4	24,6	24,8	24,9	25,1	25,3	25,5	25,7	25,9	26,1	26,3	26,5	26,7
25	23,8	23,8	23,8	23,9	24,0	24,0	24,1	24,1	24,1	24,2	24,3	24,4	24,5	24,6	24,8	25,0	25,1	25,2	25,4	25,6	25,8	25,9	26,1	26,3	26,5	26,7	26,9	27,1	27,3	27,5	27,7
26	24,8	24,8	24,8	24,9	25,0	25,0	25,1	25,1	25,2	25,3	25,4	25,5	25,6	25,7	25,8	26,0	26,1	26,3	26,5	26,7	26,9	27,0	27,2	27,4	27,6	27,8	28,0	28,2	28,4	28,6	28,8
27	25,8	25,8	25,8	25,9	26,0	26,0	26,1	26,1	26,2	26,3	26,4	26,5	26,6	26,7	26,8	27,0	27,2	27,3	27,5	27,7	27,9	28,1	28,3	28,5	28,7	28,9	29,1	29,3	29,5	29,7	29,9
28	26,8	26,8	26,8	26,9	27,0	27,0	27,1	27,1	27,2	27,3	27,4	27,5	27,6	27,7	27,8	28,0	28,1	28,3	28,5	28,7	28,9	29,1	29,3	29,5	29,7	29,9	30,1	30,3	30,5	30,7	31,0
29	27,8	27,8	27,8	27,9	28,0	28,0	28,1	28,1	28,2	28,3	28,4	28,5	28,6	28,7	28,8	29,0	29,1	29,3	29,5	29,7	29,9	30,1	30,3	30,5	30,7	30,9	31,1	31,3	31,5	31,7	32,0
30	28,7	28,7	28,7	28,8	28,9	29,0	29,1	29,1	29,2	29,3	29,4	29,5	29,6	29,7	29,8	30,0	30,1	30,3	30,5	30,7	30,9	31,1	31,3	31,5	31,7	31,9	32,1	32,3	32,5	32,7	33,0
31	29,7	29,7	29,7	29,8	29,9	30,0	30,1	30,1	30,2	30,3	30,4	30,5	30,6	30,7	30,8	31,0	31,2	31,4	31,6	31,8	32,0	32,2	32,4	32,6	32,8	33,0	33,2	33,4	33,6	33,9	34,1
32	30,7	30,7	30,7	30,8	30,9	31,0	31,1	31,1	31,2	31,3	31,4	31,5	31,6	31,7	31,8	32,0	32,2	32,4	32,6	32,8	33,0	33,2	33,4	33,6	33,9	34,1	34,3	34,5	34,7	35,0	35,2
33	31,7	31,7	31,7	31,8	31,9	32,0	32,1	32,1	32,2	32,3	32,4	32,5	32,6	32,7	32,8	33,0	33,2	33,4	33,6	33,8	34,0	34,2	34,4	34,6	34,9	35,1	35,4	35,6	35,8	36,1	36,3
34	32,6	32,6	32,7	32,7	32,8	32,9	33,0	33,0	33,1	33,2	33,3	33,4	33,5	33,6	33,8	34,0	34,2	34,4	34,6	34,8	35,0	35,2	35,5	35,7	35,9	36,2	36,4	36,7	36,9	37,2	37,4
35	33,5	33,5	33,6	33,6	33,7	33,8	33,8	33,9	34,0	34,1	34,2	34,3	34,4	34,6	34,8	35,0	35,2	35,4	35,6	35,8	36,0	36,2	36,5	36,7	36,9	37,2	37,4	37,7	38,0	38,3	38,5
36	34,4	34,4	34,5	34,5	34,6	34,7	34,8	34,9	35,0	35,1	35,2	35,3	35,4	35,6	35,8	36,0	36,2	36,4	36,6	36,8	37,0	37,2	37,4	37,7	38,0	38,3	38,6	38,8	39,1	39,4	39,7
37	35,3	35,4	35,4	35,5	35,6	35,7	35,8	35,9	36,0	36,1	36,2	36,3	36,4	36,6	36,8	37,0	37,2	37,4	37,6	37,9	38,1	38,4	38,6	38,8	39,1	39,4	39,6	39,9	40,2	40,5	40,8
38	36,2	36,3	36,3	36,4	36,5	36,6	36,7	36,8	36,9	37,0	37,1	37,2	37,4	37,6	37,8	38,0	38,2	38,4	38,6	38,9	39,2	39,4	39,6	39,8	40,2	40,5	40,7	41,0	41,3	41,6	41,9
39	37,1	37,2	37,3	37,4	37,5	37,6	37,7	37,8	38,0	38,1	38,2	38,3	38,4	38,6	38,8	39,0	39,2	39,4	39,6	39,9	40,2	40,4	40,7	41,0	41,3	41,6	41,8	42,1	42,4	42,7	43,0
40	38,0	38,1	38,2	38,3	38,4	38,5	38,6	38,6	38,8	38,9	39,1	39,2	39,4	39,6	39,8	40,0	40,2	40,4	40,6	40,9	41,2	41,4	41,7	42,0	42,3	42,6	42,9	43,2	43,5	43,8	44,1

APPENDICE.

TABLEAU DE CORRECTION POUR LE LAIT NON ÉCRÉMÉ.

Température du lait en degrés centigrades.

Degrés du lactodensimètre.	0	1	2	3	4	5	6	7	8	9	10	11	12	13	14	15	16	17	18	19	20	21	22	23	24	25	26	27	28	29	30
14	12,9	12,9	12,9	13,0	13,0	13,1	13,1	13,1	13,2	13,3	13,4	13,5	13,6	13,7	13,8	14,0	14,1	14,2	14,4	14,6	14,8	15,0	15,2	15,4	15,6	15,8	16,0	16,2	16,4	16,6	16,8
15	13,9	13,9	13,9	14,0	14,0	14,1	14,1	14,1	14,3	14,3	14,4	14,5	14,6	14,7	14,8	15,0	15,1	15,2	15,4	15,6	15,8	16,0	16,2	16,4	16,6	16,8	17,0	17,2	17,4	17,6	17,8
16	14,9	14,9	14,9	15,0	15,0	15,1	15,1	15,1	15,2	15,3	15,4	15,5	15,6	15,7	15,8	16,0	16,1	16,3	16,5	16,7	16,9	17,1	17,3	17,5	17,7	17,9	18,1	18,3	18,5	18,7	18,9
17	15,9	15,9	15,9	16,0	16,0	16,1	16,1	16,1	16,2	16,3	16,4	16,5	16,6	16,7	16,8	17,0	17,1	17,3	17,5	17,7	17,9	18,1	18,3	18,5	18,7	18,9	19,1	19,3	19,5	19,7	20,0
18	16,9	16,9	16,9	17,0	17,0	17,1	17,1	17,1	17,2	17,3	17,4	17,5	17,6	17,7	17,8	18,0	18,1	18,3	18,5	18,7	18,9	19,1	19,3	19,5	19,7	19,9	20,1	20,3	20,5	20,7	21,0
19	17,8	17,8	17,8	17,9	18,0	18,1	18,1	18,2	18,2	18,4	18,5	18,6	18,7	18,8	19,0	19,1	19,3	19,5	19,7	19,9	20,1	20,3	20,5	20,7	20,9	21,1	21,3	21,5	21,7	22,0	22,3
20	18,7	18,7	18,7	18,8	18,8	18,9	19,0	19,0	19,1	19,2	19,3	19,4	19,5	19,6	19,8	20,0	20,1	20,3	20,5	20,7	20,9	21,1	21,3	21,5	21,7	21,9	22,1	22,3	22,5	22,7	23,0
21	19,6	19,6	19,7	19,7	19,8	19,9	19,9	20,0	20,1	20,2	20,3	20,4	20,5	20,6	20,8	21,0	21,2	21,4	21,6	21,8	22,0	22,2	22,4	22,6	22,8	23,0	23,2	23,4	23,6	23,8	24,1
22	20,6	20,6	20,7	20,7	20,8	20,9	20,9	21,0	21,2	21,3	21,4	21,5	21,6	21,8	22,0	22,2	22,4	22,6	22,8	23,0	23,2	23,4	23,6	23,8	24,0	24,2	24,4	24,7	24,9	25,2	25,2
23	21,5	21,5	21,6	21,7	21,7	21,8	21,9	22,0	22,1	22,2	22,3	22,4	22,6	22,8	23,0	23,2	23,4	23,6	23,8	24,0	24,2	24,4	24,6	24,8	25,1	25,3	25,5	25,7	26,0	26,3	26,3
24	22,4	22,4	22,5	22,6	22,7	22,8	22,9	23,0	23,1	23,3	23,4	23,5	23,6	23,8	24,0	24,2	24,4	24,6	24,8	25,0	25,2	25,4	25,6	25,8	26,1	26,3	26,5	26,7	27,0	27,3	27,3
25	23,3	23,4	23,4	23,5	23,7	23,8	23,8	23,9	24,0	24,2	24,3	24,4	24,5	24,6	24,8	25,0	25,2	25,4	25,6	25,8	26,0	26,2	26,4	26,6	26,8	27,1	27,3	27,5	27,7	28,0	28,3
26	24,3	24,3	24,4	24,5	24,6	24,7	24,8	24,9	25,0	25,1	25,2	25,3	25,5	25,6	25,8	26,0	26,2	26,4	26,6	26,8	27,1	27,3	27,5	27,7	27,9	28,2	28,4	28,6	28,9	29,2	29,3
27	25,2	25,3	25,4	25,5	25,6	25,7	25,8	25,9	26,0	26,1	26,2	26,3	26,5	26,6	26,8	27,0	27,2	27,4	27,6	27,9	28,2	28,4	28,6	28,8	29,0	29,3	29,5	29,7	30,0	30,3	30,6
28	26,1	26,2	26,3	26,4	26,5	26,6	26,7	26,8	26,9	27,0	27,1	27,2	27,4	27,6	27,8	28,0	28,2	28,4	28,6	28,9	29,2	29,4	29,6	29,9	30,1	30,4	30,6	30,8	31,1	31,4	31,7
29	27,0	27,1	27,2	27,3	27,4	27,5	27,6	27,7	27,8	27,9	28,1	28,2	28,4	28,6	28,8	29,0	29,2	29,4	29,6	29,9	30,2	30,4	30,6	30,9	31,2	31,4	31,7	31,9	32,2	32,5	32,8
30	27,9	28,0	28,1	28,2	28,3	28,4	28,5	28,6	28,7	28,8	29,0	29,2	29,4	29,6	29,8	30,0	30,2	30,4	30,6	30,9	31,2	31,4	31,6	32,0	32,2	32,5	32,7	33,0	33,3	33,6	33,9
31	28,8	28,9	29,0	29,1	29,2	29,3	29,5	29,6	29,7	29,8	30,0	30,2	30,4	30,6	30,8	31,0	31,2	31,4	31,7	32,0	32,3	32,5	32,7	33,0	33,3	33,6	33,8	34,1	34,4	34,7	35,1
32	29,7	29,8	29,9	30,0	30,3	30,4	30,5	30,6	30,7	30,8	31,0	31,2	31,4	31,6	31,8	32,0	32,2	32,4	32,7	33,0	33,3	33,6	33,8	34,1	34,4	34,7	35,0	35,2	35,5	35,8	36,2
33	30,6	30,7	30,8	30,9	31,0	31,1	31,3	31,4	31,6	31,8	32,0	32,2	32,4	32,6	32,8	33,0	33,2	33,4	33,7	34,0	34,3	34,6	34,9	35,2	35,5	35,8	36,0	36,3	36,6	36,9	37,3
34	31,5	31,6	31,7	31,8	31,9	32,1	32,2	32,3	32,5	32,7	32,8	33,1	33,3	33,5	33,8	34,0	34,2	34,4	34,7	35,0	35,3	35,6	35,9	36,2	36,5	36,8	37,1	37,4	37,7	38,0	38,4
35	32,4	32,5	32,6	32,7	32,8	33,0	33,1	33,2	33,4	33,6	33,8	34,0	34,2	34,4	34,7	35,0	35,2	35,4	35,7	36,0	36,3	36,6	36,9	37,2	37,5	37,8	38,1	38,4	38,7	39,1	39,5

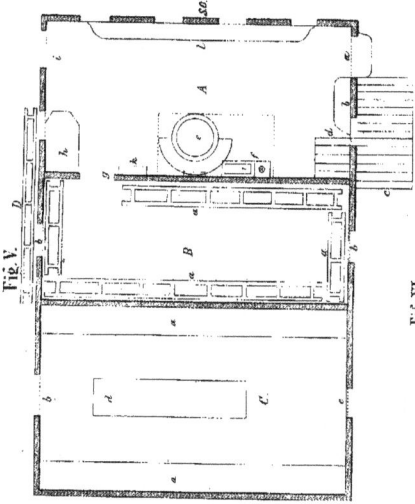

Fig. I. Plan général.

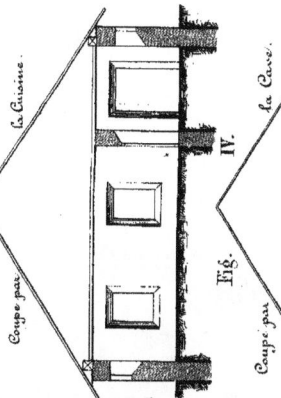

Fig. III. Coupe par la Cuisine.

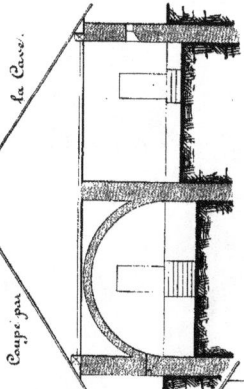

Fig. IV. Coupe par la Cave.

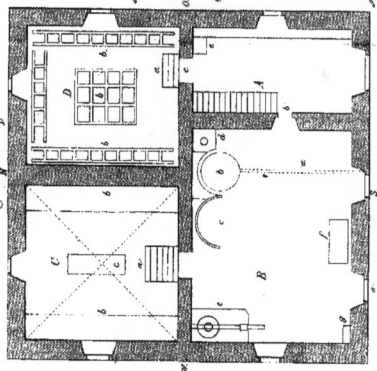

Fig. II. Rue principale.

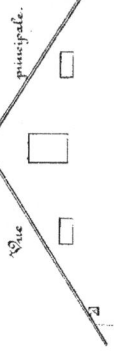

Coupe.

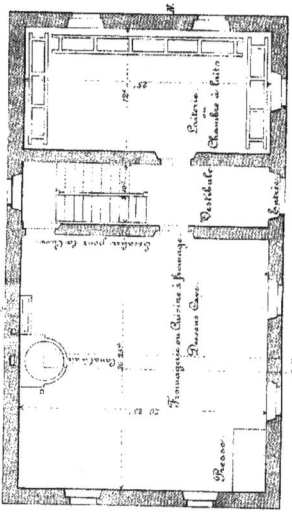

Fig. V.

Fig. VI.

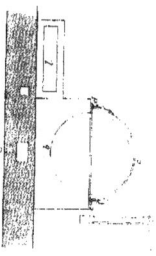

Fig. VIII.

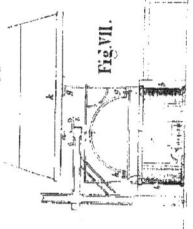

Fig. VII.

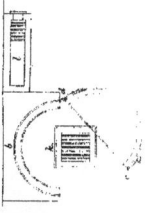

Fig. IX.

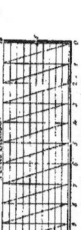

Echelle pour les fig. I à V.

Echelle pour les fig. VII et IX.

Fig. X.

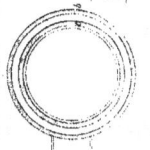

Fig. XI.

W.LEFELDT. SCHÖNINGEN

www.ingramcontent.com/pod-product-compliance
Lightning Source LLC
Chambersburg PA
CBHW071152200326
41519CB00018B/5201